建筑工程施工技术与管理研究

王景智　孙茂波　刘晨晨　主编

延边大学出版社

图书在版编目（CIP）数据

建筑工程施工技术与管理研究 / 王景智，孙茂波，刘晨晨主编. -- 延吉 : 延边大学出版社, 2023.7

ISBN 978-7-230-05234-4

Ⅰ. ①建… Ⅱ. ①王… ②孙… ③刘… Ⅲ. ①建筑工程－施工管理－研究 Ⅳ. ①TU71

中国国家版本馆CIP数据核字(2023)第138718号

建筑工程施工技术与管理研究

主　　编：王景智　孙茂波　刘晨晨
责任编辑：娄玉敏
封面设计：文合文化
出版发行：延边大学出版社
社　　址：吉林省延吉市公园路977号　　邮　　编：133002
网　　址：http://www.ydcbs.com　　E-mail：ydcbs@ydcbs.com
电　　话：0433-2732435　　传　　真：0433-2732434
印　　刷：三河市嵩川印刷有限公司
开　　本：710×1000　1/16
印　　张：12
字　　数：200 千字
版　　次：2023 年 7 月 第 1 版
印　　次：2023 年 7 月 第 1 次印刷
书　　号：ISBN 978-7-230-05234-4

定价：65.00 元

编 写 成 员

主　　编：王景智　孙茂波　刘晨晨

副 主 编：李　林　王俊贤　宋春平　侯丙磊

刘爱洁　刘玉垒　吴宗杰

编写单位：华睿诚项目管理有限公司滨州分公司

山东起凤建工股份有限公司

众成工程管理集团有限公司

中铁建工集团第二建设有限公司

山东贝瑞斯防水科技有限公司

威海市天垣工程咨询管理有限公司

青岛信达工程管理有限公司东营分公司

莒县建诚工程质量检测有限公司

山东建宏工程监理有限公司

兰州生态创新城发展集团有限公司

前　言

建筑业作为我国经济发展的支柱型产业，为我国经济的持续发展做出了重要贡献。在我国建筑行业不断发展的同时，建筑规模及数量也在不断提升，施工技术也越来越被人们重视。施工企业必须努力提升施工技术，同时还要提升自身的管理水平，建立相应的组织、采取相应的协调措施，使施工质量和施工安全得到应有的保障。在保证质量的前提下，也要合理地降低企业的成本。只有这样才能在一定程度上促进企业自身的持续稳定发展，促进建筑行业的发展与进步。

建筑工程施工技术与施工管理是建筑施工中的重要内容，二者联系密切，相互促进，又相互制约，在实际施工中，应当保证二者相互配合，共同提升建筑工程的整体质量。在最近几年，随着我国建筑行业的持续发展、建筑工程施工技术水平的不断提高，在建筑工程施工中，施工技术的整体管理水平也在逐渐地提高。因此，对于建筑企业来说，要想满足施工市场的发展需要，就必须重视自身的技术管理水平，及时解决施工技术管理过程中存在的问题，不断提高自身的工程施工技术管理水平。

再者，随着市场经济的持续发展，现代人对建筑物及住房的要求向着多元化和个性化的方向发展。在这样的背景下，建筑物的类型必然会向着多元化方向积极转变，并且不同建筑物的规模及差异将会逐渐地凸显出来。与此同时，社会大众对建筑工程安全和质量的关注度不断提升，所以建筑施工企业必须提高建筑工程施工技术管理的整体水平，降低施工成本，全面提高施工效率，并在施工过程中积极创新，这样才能促进建筑行业持续稳定发展。

本书共分为七章，分别探讨了土石方工程施工技术、地基工程、钢筋混凝土工程、装饰装修工程，以及建筑工程质量管理、建筑工程进度控制、建筑工程安全管理。

该书由华睿诚项目管理有限公司滨州分公司王景智、山东起凤建工股份有限公司孙茂波、众成工程管理集团有限公司刘晨晨担任主编。其中第一章、第二章及第三章由主编王景智负责撰写，字数 8 万余字；第四章及第五章由主编孙茂波负责撰写，字数 6 万余字；第六章及第七章由主编刘晨晨负责撰写，字数 5 万余字；全书由副主编李林、王俊贤、宋春平、侯丙磊、刘爱洁、刘玉垒、吴宗杰负责统筹。

笔者在撰写本书的过程中，参考了大量的文献资料，在此对相关文献资料的作者表示感谢。此外，由于时间和精力有限，书中难免会存在不足之处，敬请广大读者和各位同行予以批评指正。

笔者

2023 年 6 月

目　　录

第一章　土石方工程施工技术

第一节　土石方工程概述

一、土石方工程的概念及其在工程建设中的意义

土石方工程通常是指在土木工程建设项目中，对土体进行开挖、运送、填筑、压密，以及弃土、排水、土壁支撑等相关工作的总称。土石方工程主要包含平整场地、开挖基槽和管沟、开挖人防工程和路基、填筑路基、回填基坑，进行密实度检测、土石方平衡及调配，以及保护地下设施安全等内容。

由于土石方工程项目较为复杂，所以必须科学安排施工计划。要在安全的环境中作业，施工时要避开对工程有影响的天气，同时要合理施工，降低土石方工程的施工成本，遵守国家建设施工原则和标准，尽量少占用耕地，施工方要制订积极、合理的土石方调配方案，整体统筹施工安排。土石方施工方案主要涉及工程施工方法、工程爆破方案、土石方平衡调配与运送、工程施工程序、组织施工现场、架构项目组织、相关环节布置、对基础设施的保护等。设计好土石方的施工方案对工程项目建设具有极其重要的作用和意义。

二、土石方工程的施工控制要点

（一）土石方填筑质量控制要点

要想保证土石方的质量满足基本设计要求，提高整体工程质量，就要对土石方填筑的质量进行控制，主要是对土石方填筑材料的性质和压实质量进行控制，在施工中结合施工程序随时检测土石方填筑质量，并参考设计标准，及时对不符合标准的环节进行调整，选择最为经济、合理的施工方法。

（二）土石方填料材质控制

土石方填筑材料要严格把关，除在规定范围内开挖取料外，还要在现场进行抽样检测，对材料的性质、防渗料的含水量、塑性指数、最大粒径以及粗粒含量等进行控制。对于过渡料、反滤料，要对其颗粒组成情况进行检验。

需要注意的是，土石方的填料不得使用生活垃圾及含草皮或者树根的土，要尽量避免使用易溶性岩石、崩解性岩石、强风化石料等不稳固的材料。若选用的填料岩性相差比较大，则要将岩性不同的填料进行分层分段填筑。

（三）对现场质量进行控制

一般通过质量控制试验对现场质量进行控制。质量控制试验的基本要求是快速和准确，主要包括容重试验和含水量试验。容重试验主要采用灌砂法、环刀法、灌水法等，现在也常用γ射线密度计和压实计进行试验。含水量试验通常采用电炉炒干测量法、红外线灯泡烘干测量法、酒精燃烧测量法、高电波电流干燥法，现在也常用中子湿度计进行试验。

经过技术改进，如今中子湿度计和γ射线密度计在性能方面已经达到了快速、安全和准确的要求。将中子湿度计和γ射线密度计融为一体就是核子湿度密度仪，它在施工现场质量控制试验中应用较为方便，在土石方的工程质量控制试验中已被广泛应用。

（四）土石方工程全面质量控制

全面质量控制也称全面统计的质量控制，是 20 世纪 50 年代兴起的质量控制方法，它把数理统计和经营管理结合在一起，建立了一整套体系，包括生产和施工环节的有效质量管理体系。

全面质量控制主要包括对施工质量、工程成本、施工工期进行的综合质量控制；对工程施工全程的质量控制；对所有部门、全体员工参与的质量控制等。

第二节　土石方工程施工

一、土石方工程施工前的准备

在土石方工程施工前，应做好以下各项准备工作。

（一）场地清理

包括拆除施工区域内的房屋、树木、设备、管道和其他构筑物等。

（二）地面水排除

如果施工场地内有积水，会给施工带来一定的影响。故施工区域内的地面水和雨水均应及时排走。地面水的排除一般采用排水沟、截水沟和挡水坎等。临时排水设施应尽可能与永久性排水设施相结合。

（三）修建临时设施

修好供水、供电等临时设施，试水、试电，搭设必要的临时工棚。

（四）修建运输道路

修筑场地内机械运行的道路，路面宜为双车道，宽度不小于 7 m，道路两侧应设排水沟。

（五）做好设备的检查、维修工作

对进场作业的土方机械、运输车辆及各种辅助设备进行检查、维修和试运转。

（六）编制施工组织设计方案

主要是确定基坑（槽）的设计方案，确定挖、填土方工程量和基坑边坡处理方法，并进行土方开挖机械的选择及组织，确定回填土料和回填方法等。

二、土石方工程机械化施工

（一）推土机施工

推土机的特点是操作灵活、运输方便，所需工作面较小，行驶速度较快，易于转移。推土机可以单独使用，也可以卸下铲刀牵引其他无动力的土方机械，如拖式铲运机、松土机、羊足碾等。推土机的经济运距在 100 m 以内，以 30～60 m 为最佳运距。使用推土机推土有以下几种施工方法。

1.下坡推土法

推土机顺地面坡势进行下坡推土，可以借助机械本身的重力作用增加铲刀的切土力量，因而可以增加推土机铲土深度和运土数量，提高生产效率。下坡推土法在推土丘、回填管沟时，均可采用。

2.分批集中，一次推送法

在较硬的土中，推土机的切土深度较小，一次铲土不多，可分批集中，再整批地推送到卸土区。应用此法，可使铲刀的推送数量增大，缩短运输时间，提高生产效率。

3.并列推土法

在面积较大的平整场地施工时，常采用 2 台或 3 台推土机并列推土。这样能减少土的散失，因为 2 台或 3 台推土机单独推土时，有四边或六边向外撒土，而并列后只有两边向外撒土。这样操作一般可使每台推土机的推土量增加 20%。并列推土时，铲刀间距为 150～300 mm。并列台数不宜超过 4 台，否则推土机会互相影响。

4.沟槽推土法

沿第一次推过的原槽推土，前次推土所形成的土埂能阻止土的散失，从而增加推运量。这种方法可以和分批集中、一次推送法配合运用，能够更有效地利用推土机，缩短运土时间。

5.斜角推土法

将铲刀斜装在支架上，与推土机横轴在水平方向形成一定角度进行推土。一般在管沟回填且无倒车余地时可采用这种方法。

（二）铲运机施工

铲运机的特点是能独立完成铲土、运土、卸土、填筑、压实等工作，对行驶道路的要求较低，行驶速度快，操纵灵活，运转方便，生产效率高。常用于坡度在 20° 以内的大面积场地平整，开挖大型基坑、沟槽，以及填筑路基等土方工程。铲运机可在 I ～III类土中直接挖土、运土，适宜运距为 600～1 500 m，当运距为 200～350 m 时效率最高。

1.铲运机的开行路线

由于挖填区的分布不同，所以应根据具体条件，选择合理的铲运路线。这对工作效率的影响很大。根据实践，铲运机的开行路线有以下几种。

（1）环形路线

施工地段较短、地形起伏不大的挖、填工程，适宜采用环形路线。当挖土和填土交替，而挖填之间距离又较短时，则可采用大环形路线。大环形路线的优点是一个循环能完成多次铲土和卸土，从而减少了铲运机的转弯次数，提高了工作效率。

（2）8字形路线

对于挖、填相邻，地形起伏较大，且工作地段较长的情况，可采用8字形路线。其特点是铲运机行驶一个循环能完成两次作业，而每次铲土只需转弯一次，与环形路线相比可缩短运行时间，提高生产效率。再者，一个循环中两次转弯方向不同，机械磨损较均匀。

2.铲运机铲土的施工方法

为了提高铲运机的生产率，除合理规划开行路线外，还可根据不同的施工条件，采用下列施工方法。

（1）下坡铲土

应尽量利用有利地形进行下坡铲土。这样可以利用铲运机的重力来增大牵引力，使铲斗切土加深，缩短装土时间，从而提高生产率。一般地面坡度以5°～7°为宜。如果自然条件不允许，可在施工中逐步创造一个下坡铲土的地形。

（2）跨铲法

即预留土埂，间隔铲土的方法。可使铲运机在挖两边土槽时减少向外撒土量，挖土埂时增加了两个自由面，阻力减小，铲土容易，土埂高度应不大于300 mm，宽度以不大于拖拉机两履带间净距为宜。

（3）助铲法

当地势平坦、土质较坚硬时，可采用推土机助铲，以缩短铲土时间。此法的关键是双机紧密配合，否则达不到预期效果。一般每 3～4 台铲运机配 1 台推土机助铲。推土机在助铲的空隙，可做松土或其他零星的平整工作，为铲运机施工创造条件。

当铲运机铲土接近设计标高时，为了正确控制标高，宜沿平整场地区域每隔 10 m 左右，配合水平仪抄平，即先铲出一条标准槽，以此为准，使整个区域平整度达到设计要求。

当场地的平整度要求较高时，还可采用铲运机抄平。此法是铲运机放低斗门，高速前进，使铲土和铺土厚度经常保持在 50 mm 左右，往返铲铺数次。如土的自然含水量在最佳含水量范围内，则往返铲铺 2～3 次，场地表面抄平的高差在 50 mm 左右。

（三）单斗挖掘机施工

单斗挖掘机是基坑（槽）土方开挖常用的一种机械。按其行走装置的不同，分为履带式和轮胎式两种；按其工作装置的不同，可分为正铲、反铲、拉铲和抓铲四种；按其传动装置的不同，又可分为机械传动和液压传动两种。

当场地起伏高差较大、土方运输距离超过 1 000 m，且工程量大而集中时，可采用挖掘机挖土，配合自卸汽车运土，并在卸土区配备推土机平整土堆。

1.正铲挖掘机

正铲挖掘机的挖土特点是：前进向上，强制切土。其挖掘力大，生产率高，能开挖停机面以内的Ⅰ～Ⅳ级土，开挖大型基坑时需设下坡道，适宜在土质较好、无地下水的区域工作。

根据挖掘机与运输工具的相对位置不同，正铲挖土和卸土的方式有以下两种：正向挖土、侧向卸土；正向挖土、后方卸土。

2.反铲挖掘机

反铲挖掘机的特点是：后退向下，强制切土。其挖掘力比正铲小，能开挖停机面以下的Ⅰ～Ⅲ级的砂土或黏土，适宜开挖深度 4 m 以内的基坑，对地下水位较高处也适用。反铲挖掘机的开挖方式可分为沟端开挖和沟侧开挖。

3.拉铲挖掘机

拉铲挖掘机的挖土特点是：后退向下，自重切土。其挖掘半径和挖土深度较大，能开挖停机面以下的Ⅰ～Ⅱ级土，适宜开挖大型基坑及水下挖土。拉铲挖掘机的开挖方式与反铲挖掘机相似，也可分为沟端开挖和沟侧开挖。

4.抓铲挖掘机

抓铲挖掘机的挖土特点是：直上直下，自重切土。其挖掘力较小，只能开挖Ⅰ～Ⅱ级土，可以挖掘独立基坑、沉井，特别适用于水下挖土。

第三节　土石方的填筑与压实

一、土方压实原理

土料的稳定性主要取决于土料的内摩擦力和凝聚力，土料的内摩擦力、凝聚力和防渗性能都随填土密实程度的增大而提高。正常情况下，土体是三相体，即由固相的土粒、液相的水和气相的空气组成，在没有外部压力的前提下，土粒和空气是不会被压缩的。当土体受到外部压力后，土体会将土粒间的水和空气挤出，使土料的空隙率降低、密实度提高。因此，土料压实的过程实际上就是在外力作用下土壤三相重新组合的过程。

土工试验结果表明，黏性土的主要压实阻力是土体内的凝聚力。当铺土厚度不变时，黏性土的压实效果会随含水量的增大而提升，但当土的含水量增大到某一临界值时，土的密度反而会减小。所以，此临界含水量即土体的最优含水量。这表明，当黏性土料中的含水量超过最优含水量时，土体中的空隙体积逐步被水填充，由于水的作用抵消了一部分压实所提供的能量，因此土体的压实效果反而会降低。

对于非黏性土，压实的主要阻力是颗粒间的摩擦力。由于土料颗粒较粗，单位土体的表面积比黏性土小很多，因此土体的空隙率小，可压缩性小，土体含水量对压实效果的影响也小，在外力及自重的作用下，土料能迅速排水固结。

此外，土体颗粒级配的均匀性对压实效果也有影响。颗粒级配不均匀的砂砾料不宜压实，而级配较均匀的砂砾料易于压实。

根据土的这些性质，对土料的压实主要采用静压碾压、振动碾压和夯击三种方法，如图 1-1 所示。其中，静压碾压是指作用在土体上的外力不随时间而变化，振动碾压是指作用在土体上的外力随时间发生周期性的变化，夯击是指作用在土体上的外力是瞬间冲击力，其大小随时间推移而变化。在工程实践中，对于不同的土体应采用不同的压实方法。

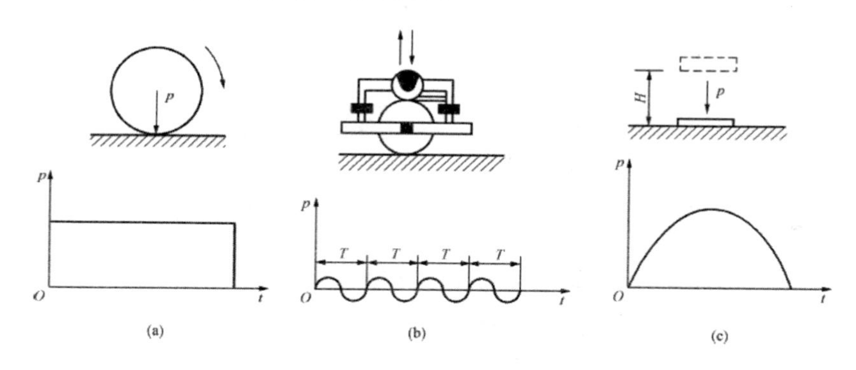

（a）静压碾压；（b）振动碾压；（c）夯击

图 1-1　土料的压实方法

二、压实机械及其选择

（一）常用的压实机械

1.平碾

平碾的构造如图 1-2（a）所示。平碾的铁空心滚筒侧面设有加载孔，加载大小根据设计要求而定。平碾碾压的特点是质量差、效率低，因而较少采用。

2.肋碾

肋碾的构造如图 1-2（b）所示。肋碾一般采用钢筋混凝土预制，碾压单位面积压力比平碾大，压实效果比平碾好，多用于黏性土的碾压。

3.羊足碾

羊足碾的构造如图 1-2（c）所示。羊足碾碾压滚筒表面设有交错排列的羊足，铁空心滚筒侧面设有加载孔，加载大小根据设计要求而定。碾压时，羊足碾的羊足插入土中后，不仅使羊足底部的土体受到碾压，而且使其侧向土体受到挤压，从而达到均匀压实的效果。但碾筒滚动时，其表层土体易被翻松，易使无黏性颗粒产生向上和侧向移动，降低压实效果，所以羊足碾不适用于非黏性土的压实。

4.气胎碾

气胎碾的构造如图 1-2（d）所示。它是利用充气轮胎作为碾子，由拖拉机牵引的一种碾压机械。这种碾是一种柔性碾，碾压时碾和土料共同变形。为避免气胎损坏，停工时要用千斤顶将压重箱顶起，并把气胎内的气体放出一些。气胎碾在压实土料时，气胎会随土体的变形而发生变形。开始时，土体很松，气胎的变形小。随着土体压实密度的增大，气胎的变形相应增大，气胎与土体的接触面积也增大，始终能保持较均匀的压实效果。另外，还可以通过调整气胎内压来控制作用于土体上的最大应力，使其不超过土料的极限抗压强度。气胎碾既适用于压实黏性土，又适用于压实非黏性土，压实效率高，是一种十分有效的压实机械。

5.振动碾

振动碾是一种振动和碾压相结合的压实机械，如图 1-2（e）所示。它的工作原理是由柴油机带动与机身相连的轴旋转，进而使装在轴上的偏心块产生旋转，迫使碾滚产生高频振动。这种振动能以压力波的形式传递到土体内。

6.蛙夯

蛙夯是利用冲击作用来压实土方，具有单位压力大、作用时间短的特点。

蛙夯既可用来压实黏性土，也可用来压实非黏性土，如图 1-2（f）所示。蛙夯的工作原理是由电动机带动偏心块旋转，偏心块在离心力的作用下带动夯头上下跳动，从而夯击土层。蛙夯多用于狭窄的施工场地和碾压机械难以施工的部位。

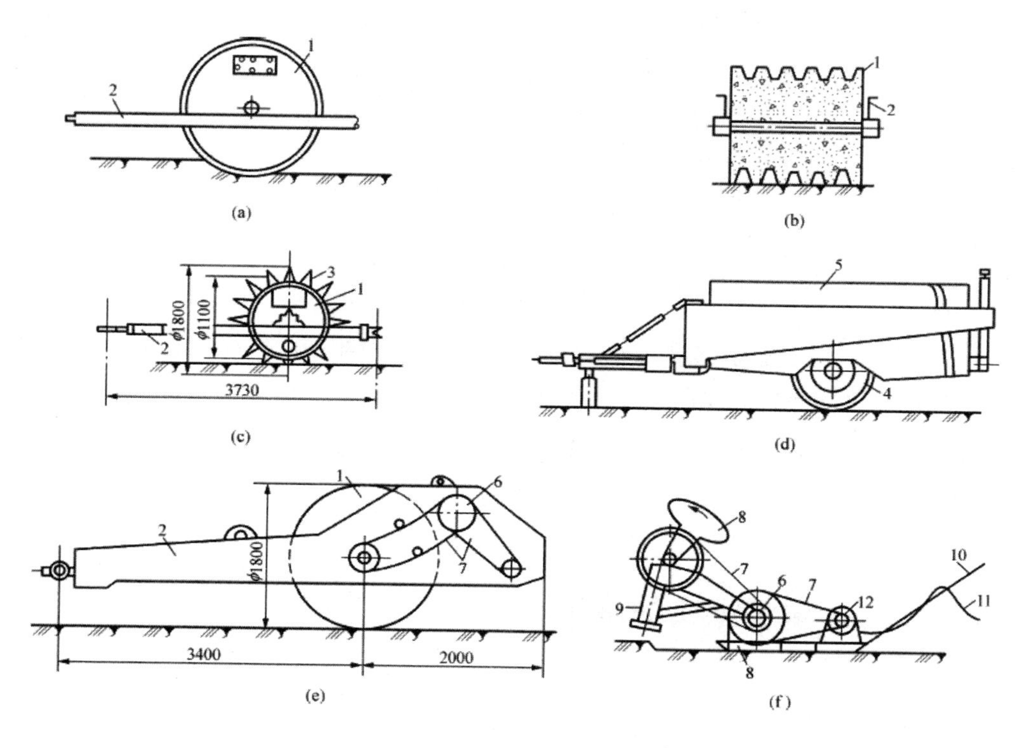

（a）平碾；（b）肋碾；（c）羊足碾；（d）气胎碾；（e）振动碾；（f）蛙夯

1—碾滚；2—机架；3—羊足；4—充气轮胎；5—压重箱；

6—主动轮；7—传动皮带；8—偏心块；9—夯头；10—扶手；

11—电缆；12—电动机。

图 1-2　压实机械

（二）压实机械的选择

根据以上压实机械压实土体的特点，在土方压实过程中，压实机械的选择应考虑以下几个方面。

第一，要适应土方材料的特性。黏性土应优先选用气胎碾、羊足碾、蛙夯，而堆石和含有特大粒径的砂卵石宜用振动碾。

第二，应与土料含水量、原状土的结构状态和设计压实标准相适应。对含水量高于最优含水量 1%～2%的土料，宜用气胎碾压实；当黏土的含水量低于最优含水量，且原状土天然密度较高并接近设计标准时，宜用重型羊足碾、蛙夯；当含水量很高且要求的压实标准较低时，对黏性土的压实也可选用轻型的平碾。

第三，应与施工强度、工作面宽窄和施工季节相适应。气胎碾、振动碾适用于生产强度要求高和抢时间的雨季作业；夯击机械宜用于坝体与岸坡、刚性建筑物的接触带、边角和沟槽等狭窄地带。冬季作业应选择大功率、高效能的机械。

三、填筑压实的施工

（一）填筑压实的施工要求

填方的边坡坡度应根据填方高度、土的类别、使用期限及其重要性确定。永久性填方的边坡坡度如表 1-1 所示。

表 1-1　永久性填方的边坡坡度

土的种类	填方高度（m）	边坡坡度
黏土	6	1∶1.5
亚黏土、泥灰岩土	6～7	1∶1.5
轻亚黏土、细砂	6～8	1∶1.5
黄土、类黄土	6	1∶1.5
中砂、粗砂	10	1∶1.5
碎石土	10～12	1∶1.5
易风化的岩石	12	—

填方宜采用同类土填筑。如采用不同透水性的土分层填筑时，下层宜填筑透水性较大、上层宜填筑透水性较小的填料，或将透水性较小的土层表面做成适当坡度，以免形成水囊。

基坑（槽）回填前，应清除沟槽内的积水和有机物。检查基础的结构混凝土，确认其达到一定强度后方可回填。

填方应按设计要求预留沉降量。如无设计要求时，可根据工程性质、填方高度、填料类别、压实机械及压实方法等，同有关部门共同确定。

填方压实工程应由下至上分层铺填，分层压（夯）实，分层厚度及压（夯）实遍数，根据压（夯）实机械、密实度要求、填料种类及含水量确定，填土施工时的分层厚度及压实遍数如表 1-2 所示。

表 1-2　填土施工时的分层厚度及压实遍数

压实机具	分层厚度（mm）	每层压实遍数（次）
平碾	250～300	6～8
振动压实机	250～350	3～4
柴油打夯机	250～300	3～4
人工打夯	＜200	3～4

（二）土料选择与填筑方法

为了保证填土工程的质量，必须正确选择土料和填筑方法。

碎石类土、砂土、爆破石渣及含水量符合压实要求的黏性土可作为填方土料。淤泥、冻土、膨胀性土及有机物含量大于5%的土，以及硫酸盐含量大于5%的土均不能作为填土使用。填方土料为黏性土时，填土前应检验其含水量是否在控制范围以内，含水量大的黏土不宜当作填土使用。

填方施工应分层填土、分层压实，每层的厚度应根据土的种类及选用的压实机械而定。应分层检查填土压实质量，符合设计要求后，才能填筑上层。当填方位于倾斜的地面时，应先将斜坡挖成阶梯状，然后分层填筑，以防填土横向移动。

（三）填土压实方法

填土压实方法有：碾压法、夯实法及振动压实法。

平整场地等大面积填土多采用碾压法，小面积的填土工程多用夯实法，而振动压实法主要用于压实非黏性土。

1.碾压法

碾压法是利用机械滚轮的压力压实土壤，使之达到所需的密实度。碾压法适用于大面积填土工程。碾压机械有平碾、羊足碾和气胎碾。前文已有介绍，此处不再赘述。

2.夯实法

夯实法是利用夯锤自由下落的冲击力来夯实土壤，主要用于小面积回填土，可以夯实黏性土或非黏性土。夯实法分人工夯实和机械夯实两种。人工夯实所用的工具有木夯、石夯等；常用的夯实机械有夯锤、内燃夯土机和蛙式打夯机等。

3.振动压实法

振动压实法是将振动压实机放在土层表面，借助振动机使压实机振动，进而使土料发生相对位移而达到紧密状态。振动碾是一种振动和碾压同时作用的高效能压实机械。这种方法对于振实填料为爆破石渣、碎石类土、杂填土和粉土等非黏性土的效果较好。

第二章　地基工程

第一节　土基处理的方法

一、换土垫层法

当建筑物基础下的持力层比较软弱，不能满足上部荷载对地基的要求时，常采用换土垫层法来处理软弱地基。换土垫层法就是将地基底面以下一定范围的软弱土层挖掉，然后回填强度较高、压缩性较低并且没有侵蚀性的材料，如中粗砂、碎石或卵石、灰土、素土、石屑、矿渣等，再分层夯实后作为地基的持力层。

换土垫层按其回填的材料可分为灰土垫层、砂垫层等。

灰土垫层是将一定比例的石灰和黏性土拌和后，在最优含水量时对土进行分层夯实碾压而形成的持力层，它适用于地下水位较低、基槽经常处于干燥状态下的一般性地基加固。

砂垫层和砂石垫层是将基础下面一定厚度的软弱土层挖除，然后用强度较高的砂或碎石回填，并经分层夯实至密实，作为地基的持力层，以达到提高地基承载力、减少沉降、加速软弱土层排水固结、防止土体冻胀和消除膨胀土的胀缩等目的。

二、重锤夯实法

重锤夯实法是用起重机械将夯锤提升到一定高度，利用自由下落的冲击力重复夯打土层表面，使其形成一层比较密实的硬壳层，从而使地基得到加固。重锤夯实使用的起重设备常为卷扬机，夯锤形状为截头圆锥体，锤重一般不小于 1.5 t，底面直径一般为 1.5 m 左右，落距一般为 4.5 m，夯打遍数一般为 6～8 遍。随着夯实遍数的增加，夯沉量逐渐减少。

与此较为相似的是强夯法，它是用起重机械将重锤（一般为 10～40 t）吊起，从高处自由落下，对地基反复强夯的地基处理方法。强夯所产生的振动和噪声很大，对周围建筑物和其他设施有一定的影响，不宜在城市中心使用。

三、复合地基

复合地基是在地基中加入别的材料，如灰土、砂石、粉煤灰、水泥、有机树脂等，来增强土体的密实度并提高其基础承载力的方法。它利用振动、冲击或水冲等方式，在软弱地基中成孔后，再将砂、卵石、砾石、碎石等材料挤压到土孔中，形成大直径的由砂、卵石、砾石、碎石所构成的密实体，以起到挤密周围土层、增加地基承载力的作用；或将管道伸入地下预定的深度后将配置好的水泥浆液或有机树脂压入周围土体，使土体内部的组成成分发生变化，变成较为密实的实体，以达到提高地基承载力的目的。例如，当用水泥浆作固化剂时，可用深层搅拌机在地基深部将软土和固化剂充分拌和，让固化剂和软土发生一系列物理、化学反应，使之凝结成整体性强、水稳性较好和强度较高的水泥加固体。水泥加固体可以作为竖向荷载的复合地基和基坑中的围护挡墙等，主要施工机具有深层搅拌机、起重机、灰浆搅拌机等。

作为固化剂的水泥掺入量一般为加固土重的 7%～15%，每加固 1 m^3 土体要掺入 110～160 kg 水泥，水灰比为 1∶1～1∶1.2。施工时，先将深层搅拌机用钢丝绳吊挂在起重机上，在输浆胶管与储料罐、灰浆泵连接后，再开动电动机，借设备自重，以 0.3～0.75 m/min 的速度沉至所要求的加固深度；与此同时，开动灰浆泵，再以 0.3 m/min 的速度提起搅拌机，将水泥浆从深层搅拌机中心不断压入土中，由搅拌叶片将水泥浆与深层的软土搅拌，边搅拌边喷浆，直至符合要求即完成填充。每次搅拌的孔间距不宜大于 200 mm。

四、桩基础

桩基础简称桩基，是提高地基承载能力的有效方法之一。桩基础的作用是将上部结构的荷载传递到内部较坚硬的、压缩性较小的土层或岩层上。根据桩的传力方式不同，桩基础可分为端承桩和摩擦桩。端承桩就是穿过软弱土层并将建筑物的荷载直接传递到坚硬层的桩，摩擦桩是通过桩身侧面与土之间的摩擦力来承受上部荷载的桩，如图 2-1 所示。

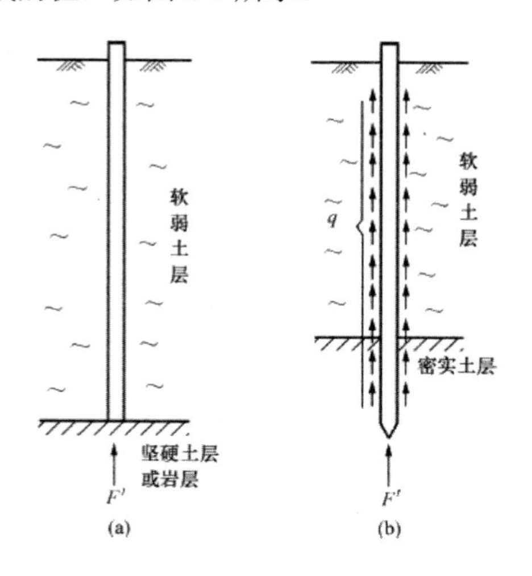

（a）端承桩；（b）摩擦桩

图 2-1　端承桩和摩擦桩

根据桩的施工方法不同，桩基础可分为预制桩和灌注桩两类。

预制桩是在工厂或施工现场用不同的建筑材料制成的各种形状的桩，如钢桩、木桩、钢筋混凝土桩。桩的形状一般为方形或圆形。施工时，用打桩设备将预制好的桩打入地基中。打桩的方法有锤击沉桩、静力压桩、振动沉桩等。

灌注桩是在施工现场的桩位上先成孔，然后放入钢筋骨架，再浇注混凝土或其他材料而制成的桩。灌注桩按成孔的方法不同可分为泥浆护壁成孔灌注桩、干作业成孔灌注桩、套管成孔灌注桩、爆扩成孔灌注桩等。

五、截渗处理

位于河道和地下水位较高地区的建筑物或构筑物，其地基常会受到地下水渗透的影响，轻微的渗透会使建筑物或构筑物发生变形，严重的则将危及建筑物或构筑物的安全。对此，常用的解决方法是截断渗流通道，建立一道防渗墙，以减少地下水渗透的影响。防渗墙是修建在透水地基中的地下连续墙，也可用于坝基、河堤的防渗加固。根据成墙材料和成墙方法的不同，常见的防渗墙有塑性混凝土防渗墙和水泥土防渗墙两种。

（一）塑性混凝土防渗墙

塑性混凝土防渗墙具有结构可靠、防渗效果好的特点，能适应多种不同的地质条件。其修建深度大，施工时几乎不受地下水位的影响。

塑性混凝土防渗墙的基本形式是槽孔型，它是由一段段槽孔套接而成的地下墙，施工分两期进行，先施工的为一期槽孔，后施工的为二期槽孔，一、二期槽孔套接成墙。

防渗墙的施工程序为：造孔前的准备、泥浆固壁造孔、终孔验收和清孔换浆、浇筑防渗墙混凝土、全墙质量验收等。

（二）水泥土防渗墙

水泥土防渗墙是软土地基的一种新的截渗方法，它是用水泥、石灰等材料作为固化剂，通过深层搅拌机械，在地基深处就地将软土和固化剂强制搅拌，固化剂和软土经过一系列物理、化学反应后，软土硬化成具有整体性、水稳定性和一定强度的良好地基。深层搅拌桩施工分干法和湿法两类：干法是采用干燥状态的粉体材料作为固化剂，如石灰、水泥、矿渣粉等；湿法是采用水泥浆等浆液材料作为固化剂。

第二节　特殊土质的处理

在工程建设中，当遇到特殊土质时，应采取特殊的方式予以处理。特殊土质包括软土、湿陷性黄土、膨胀性岩土、冻土、红土、盐渍土、回填土等。

一、软土

软土是一种高压缩性土，抗剪强度很低。在强烈地震作用下，软土的土体会受到扰动，絮状结构遭到破坏，强度会显著降低，不仅压缩变形增加，还会发生一定程度的剪切破坏，土体向基础两侧挤出，造成建筑物急剧沉降和倾斜。处理软土地基的方法有很多种，目前比较好的处理办法有桩基法、排水固结法、置换法和搅拌法等几种。

二、湿陷性黄土

湿陷性黄土的土质较均匀、结构疏松。在未受水浸湿时，强度较高，压缩性较小。当在一定压力下受水浸湿，土结构会迅速破坏，产生较大的附加下沉，强度迅速降低。故在湿陷性黄土场地上进行建设，应根据建筑物的重要性、地基受水浸湿可能性的大小和在使用期间对不均匀沉降限制的严格程度，采取以地基处理为主的综合措施，防止地基湿陷对建筑产生破坏。

由于湿陷性黄土引发的灾害较多，因此在湿陷性黄土地区进行设计和施工时，应采取措施进行处理。处理的方法一般有：①预先浸水并加载，使土体预先完成沉降；②强夯加固地基或用灰土桩挤密地基，降低土体的孔隙率，提高土体的密实度；③合理设计基础结构，采取预防措施，完善地基排水与防水。

三、膨胀性岩土

膨胀性岩土是一种区域性的特殊岩土，它含有大量亲水性黏土矿物（如蒙脱石、伊利石），具有显著的吸水膨胀和失水收缩特征，且胀缩变形往复可逆。因此，在湿度变化时有较大的体积变化，当其变形受到约束时可产生较大的内应力。

在膨胀性岩土地区进行地基处理时，如果不采取必要的措施，一旦外界条件的改变引起土中水分的增加或减少，就可能使膨胀性岩土地基发生变形，使建筑物的基础遭到破坏，导致地坪开裂或土体边坡出现塌方、滑坡等现象。因此，为避免此类问题的发生，在膨胀性岩土地区施工时，应根据膨胀性岩土的性质进行正确设计，解决好土体防水和保湿问题，保持土中水分的相对稳定。在此基础上，还应完善排水设施，适当加深建筑物基础，并增加基础底面以上土的自重，加大基础侧面的摩擦力。必要时，也可以采取一些措施加固地基。

四、冻土

冻土是一种由固体土颗粒、冰、液态水和气体四种基本成分组成的非均质、各向异性的多相复合体。冻土中冰的存在，使冻土的工程性质与常规土完全不同，它具有相变特性、物质迁移特性、冻胀性和流变性。

冻土是一种对温度十分敏感的特殊土类。根据冻土存在的时间，冻土可分为多年冻土（两年或两年以上）、季节冻土（冬季冻结，夏季全部融化）和瞬时冻土（几个小时至数月）。中国的多年冻土广泛分布在青藏高原、西北高山和东北的北部；季节冻土和瞬时冻土则覆盖大半个中国。

冻土强度主要取决于冻土温度，温度越低，抗压强度相对越高。加荷时间长短对冻土强度影响也很大：加荷时间愈短，抗压强度愈高；反之，愈低。

当冻土内的水冻结时，若土粒之间没有足够的孔隙供冰晶自由生长，则冻土体积会膨胀。若温度上升时，冻土融化，则土体承载力大大降低，冻土的压缩性急剧增大。这些现象都会使地基产生融陷。

在处理冻土时，常采用在土体中插入电极的方法提高土体温度，消除冰块，然后采用其他方法压密土体；也可以采用喷浆法把水泥浆液喷射到土中，使水泥与土体产生化学变化并释放热量，进而与土体形成固结体，以提高地基承载力。

五、红土

红土是热带、亚热带地区一种富含铁铝氧化物的红色黏性土。红土一般强度较高、压缩性较低、工程性能较好。但红土具有一些特殊的性质，也会给地基的整体强度和稳定性带来不利影响。具体如下。

①液限较大，含水较多，饱和度常大于 80%，土体常处于硬塑至可塑状态。

②孔隙比一般的土大，变化范围也大，土体具有一定的压缩性。

③强度一般较高且变化范围大。

④膨胀性极弱，但某些土具有一定的收缩性。

⑤浸水后强度一般降低。部分含粗粒较多的红土，湿化崩解明显。

由此可以看出，红土是一种处于饱和状态、孔隙比较大、以硬塑和可塑状态为主、压缩性中等、强度较高的黏性土，具有一定的收缩性。因此，在红土区域施工时，应根据红土层在垂直方向及水平方向物理力学性质的差异，确定地基的承载力和基础的埋置深度。为了确保土体的稳定性，应采取保温、保湿措施，以防止土体收缩。当用红土作为填筑材料时，应对填筑土体进行压实，并防止表面失水。

六、盐渍土

当地下水沿土层的毛细管升高至地表或接近地表时，经蒸发作用水中盐分分离出来聚集于地表或地表下土层中。当土层中易溶盐的含量大于 0.3%时，这种土被称为盐渍土。

盐渍土易于识别，土层表面残留着薄薄的白色盐层，地面常常没有植被覆盖，或仅生长着特殊的盐区植物，在探井壁上可见到盐的白色结晶，从探井剖面看，土层表面含易溶盐最多，其下为盐化潜水。地面以下深 1～2 m 的潜水，盐渍作用最强，通常盐渍土中潜水成分与盐土中所含盐类的成分具有一定的关系。

盐渍土在中国的分布较为广泛，如西北地区的青海、新疆、宁夏，东北地区的吉林（白城地区）等，由于气候干燥、内陆湖泊较多，因此在盆地到高山区段往往易形成盐渍土。在平原地带，由于河床淤积或灌溉等原因也常使土壤盐渍化并形成盐渍土。另外，在滨海地区，海水侵袭也常导致盐渍土的形成。

在有水的条件下，盐渍土中的盐分会使土粒间的距离增大，内聚力和内摩擦力则随之减小，土体的强度也会明显降低。因此，在潮湿状态时，盐渍土中的含盐量越大，其强度越低。但当含盐量增加到某一程度后，过多的盐分反而会起到胶结作用，盐分晶体可充填于土体孔隙中，土的内聚力及内摩擦力增大，其强度反而比不含盐的同类土强度高。因此，盐渍土的强度与土的含水量、含盐量密切相关，在处理盐渍土时，应密切关注土的含水量和含盐量。

七、回填土

回填土是由于人类活动而形成的堆积物。根据其组成物质和堆填方式的不同，可分为素填土、冲填土和杂填土。

素填土主要是由碎石、砂土、粉土或黏性土等一种或几种材料组成的填土，不含杂质或所含杂质很少，在压实后具有一定的承载能力。

冲填土是由水力冲填泥沙形成的沉积土，即在整理和疏通江河航道时，通过泥浆泵将泥沙输送至河岸而形成填土。冲填土的不均匀性和高压缩性较为明显，并且强度低、稳定性差，在施工时需要根据其地质组成成分确定具体的施工方案。

杂填土为含有大量杂物的填土。杂填土可以分为建筑垃圾土、工业废料土和生活垃圾土等。建筑垃圾土主要由碎砖、瓦砾、朽木等杂物混合组成，有机质含量较少。工业废料土主要是一些由工业生产活动而形成的矿渣、煤渣、电石渣以及其他工业废料等杂物混合组成的土。生活垃圾土则由大量居民在生活中抛弃的杂物组成，其内含有机质和较多未分解的腐殖质。由此可知，杂填土具有较强的不稳定性、可压缩性和多相性。当地基局部出现杂填土时，一般采用开挖替换的方法处理，或在设计时提前避免在杂填土区域进行工程建设。

第三节　地下水的排放

一、流砂及其防治

若挖土至地下水位以下，且土质为细砂或粉砂时，常采用集水井法降水，有时坑底的土就会形成流动状态，随地下水涌入基坑，这种现象称为流砂。此时土体完全丧失承载能力，边挖土边冒水，施工条件急剧恶化，难以达到设计要求，严重时会造成边坡塌方及附近建筑物或构筑物下沉、倾斜甚至倒塌等事故。因此，在施工前必须对工程现场的水文地质情况进行详细调查。若存在较高的地下水位，应采取有效措施，防止流砂现象产生。

流砂主要是动水压力造成的。当动水压力等于或大于土的浸水重度时，土粒处于悬浮状态，能随着渗流的水一起流动，带入基坑边发生流砂现象。经验表明，具有下列性质的土在一定的动水压力作用下，有可能发生流砂现象。

①土的颗粒组成中，黏粒含量小于 10%，粉粒含量大于 75%。

②土的不均匀系数小于 5。

③土的天然孔隙比大于 0.75。

④土的天然含水量大于 30%。

由此可以看出，流砂现象经常发生在细砂、粉砂及粉质砂土中。实验还表明，在可能发生流砂现象的土质处，基坑或基槽挖深超过地下水位线 0.5 m 左右时就会有流砂现象。

在基坑开挖过程中，防止流砂的途径主要有减小或平衡动水压力、改变动水压力的方向、截断地下水流等。具体如下。

①尽可能在枯水期施工。枯水期时，地下水位低，内外水位差小，动水压力也小，此时施工不易产生流砂。

②打板桩。将板桩打入基坑底下一定深度，增加地下水的渗流路程，从而

降低动水压力，防止流砂现象发生。目前，较为常用的有钢板桩、钢筋混凝土板桩、木板桩等，但此法一次性投资较高，在施工中常结合基础施工使用。

③修筑地下连续墙。此法是在基坑周围先浇筑一道混凝土连续墙，以实现承重、挡土、截水，并防止流砂现象发生。

④修筑水泥土墙。此法是在基坑周围将土和水泥拌和成一道水泥墙来防止流砂现象的发生。

⑤人工降低地下水位。可采用轻型井点降水方法，使得地下水向下渗流，改变动水压力方向，从而防止流砂现象的发生。

⑥改善土质。这种方法是向产生流砂的土质中注入水泥浆或硅化注浆。硅化注浆利用以硅酸钠（水玻璃）为主剂的混合溶液或水玻璃水泥浆，通过注浆管均匀地注入地层，浆液赶走土粒间或岩土裂隙中的水分和空气，并将砂土胶结成一个整体，形成强度较高的结石体，从而防止流砂现象的发生。

二、明排水法

明排水法又称集水井法，它是采用截、疏、抽的方法进行排水的。在基坑开挖过程中，沿基坑底四周或中央开挖排水沟，并设置一定数量的集水井，使得基坑内的水经排水沟流向集水井，然后再用水泵抽走。

明排水法是目前最为经济、最为常见的排水方法，该方法适用于黏性土及砂土，因为这些土质不容易发生塌陷、管涌等现象。

（一）普通明沟排水法

在基坑的周围一侧或两侧设置排水边沟，每隔 20～30 m 设一个集水井，使地下水汇集于井内，用水泵排出基坑外，一边挖土一边加深排水沟和集水井，保持沟底低于基坑底。如果只有一侧设有排水沟，则应设在地下水的上游。一般小面积基坑排水沟深 0.3～0.6 m，底宽等于或大于 0.4 m，水沟的边坡为 1∶1～1∶1.5，沟底设有 0.2%～0.5%的纵坡，使水流不致阻塞；集水井的截面为 60 cm×60 cm～80 cm×80 cm，井底保持低于沟底 0.4～1 m，井壁用竹笼、木板加固。

普通明沟排水法适用于一般基础及中等面积基础群，以及建筑物、构筑物的基坑排水。此法施工方便，设备简单，费用低，管理容易，应用最为广泛。

（二）分层明沟排水法

如若基坑内的土层是由多种土壤构成，并且中间为砂类土壤（砂类土壤透水性强，水流会对下部边坡进行冲刷甚至引发坍塌），则应采取有效措施，在基坑边坡上布设 2～3 层明沟及相应的集水井，分层阻截上部土体中的地下水。

使用分层明沟排水法时，排水沟和集水井设置方法及尺寸与普通明沟排水法相同，但应注意防止上层排水沟地下水流向下层排水沟，冲坏边坡造成塌方。

三、轻型井点降水法

轻型井点降水法采用的是真空抽水，在具体应用过程中，管路系统和抽水设备发挥着重要的作用。当前，较为常用的泵型为真空泵和隔膜泵，二者与抽水装置配套使用。管路系统主要由井点管、过滤管、集水总管、主管和阀门共同组成。启动抽水设备可使井点系统形成真空状态，并在井点周围形成一定范围的真空区。在真空力作用下，井点附近的地下水会经由砂井、过滤器被强行吸入井点系统中，从而降低井点附近的地下水位。在具体施工过程中，井点附近地下水位与真空区外的地下水位之间会产生水头差，在水头差作用下，处于真空区外的地下水会以重力方式进行流动。

在使用轻型井点降水方法的过程中需要注意以下事项。

①根据不同的方案确定不同的轻型井点降水方法。由于施工地点不同，所处的施工环境也会存在差异，因此在施工时应结合具体情况，采用合理的排水

方案。

②井点的拆除与回填。井点使用完后，需要拆除井点管道及装备，拆除完成后需要对安装井点过程中产生的坑洞进行回填，避免由于这些坑洞的存在而影响施工安全。

③在埋设井点管道时，要保护好管道。避免施工过程中对管道造成损伤，导致管道出现漏气的情况。

④铺设井点管道时需要充分考虑安全因素。在选择井点位置和进行井点布置时，需要避开易出现安全问题的地方。当整个环境中存在较为突出的安全问题时，则需要充分考虑安全因素，并积极采取必要的安全防护措施，确保施工安全。

四、管井法

深井施工的主要工艺流程：做好准备工作（“三通一平”，即通水、通电、通路、平整场地），钻机进场定位并为井位放样；开孔（用化学泥浆做井口），安护筒；钻机就位，钻孔；回填井底砂垫层；吊放井管；回填管壁与孔壁间的过滤层；安装抽水控制电路；试抽；降水井正常工作。

配套水泵的最大工作压力不低于 1.2 MPa。由于可能对周围环境产生不良影响，所以应在基坑开挖和基础施工进行阶段，建立相关的监控保证系统，每天由专人将监控结果上报，以此来保证工程质量，并对建筑周边环境实时进行监控。因此，在深井开始施工前，施工方可成立专门的降水小组，具体包括现场负责人 1 名，施工员 2 名，并配专职电工 2 名、发电机工 2 名，现场值班人员 6 名（24 h 轮流值班）。为保证钻孔与井管同心，可在深井的外壁加入固定导向木块，其间保证钻架不可移动。用原有的钻架来吊装混凝土管，其间要多次核实孔底高程，确保无误后填写记录。在其低端配置一节混凝土盲管，将硬木托盘下落至孔内，至预设深度处。将盲管与滤管的接头处用无纺布包扎起来，约为 200 mm，其余的用毛竹片竖向固定，并用镀锌铁丝箍筋，管外回填中粗砂或砾石。井管安装好后，应快速进行洗井，不可延误。当洗井完成后，应根据出水量判断何时进行抽水，并通过观测孔记录地下水位，将深基坑内的水位降到设定水位。排水完成后，在获得监理工程师批准后，停抽封井，确保基坑的质量，保证建筑结构的安全。

第三章　钢筋混凝土工程

钢筋混凝土是钢筋和混凝土的组合结构。由于两者的结合不仅保持了混凝土的优越性，而且大幅提高了结构的承载力，因此钢筋混凝土在工程建设中得到了广泛应用。

在钢筋混凝土结构的施工中，要经过模板支设、钢筋加工、钢筋绑扎和混凝土浇筑等几个主要步骤，因此模板工程、钢筋工程和混凝土工程也就成为钢筋混凝土工程中的重要组成部分。

第一节　模板工程

模板是使混凝土结构和构件设计的位置、形状、尺寸浇筑成型的模型板。模板系统包括模板和支架两部分。模板工程是模板及其支架的设计、安装、拆除等技术工作的总称，也是混凝土结构工程的重要内容之一。

模板在现浇混凝土工程施工中用量大且范围广，模板工程所耗费用占据了混凝土工程费用的30%～35%，因此正确选择模板的材料、类型，合理组织施工，对于保证工程质量，提高劳动生产率，加快施工速度，降低工程成本等都具有十分重要的意义。

一、模板的类型

（一）组合钢模板

组合钢模板是按预定的几种规格、尺寸设计和制作的模板，它具有通用性，且拼装灵活，能满足大多数构件几何尺寸的组合要求，使用时仅需根据构件的尺寸选用相应规格尺寸的定型模板加以组合即可。组合钢模板由一定模数的定型钢模板、连接件和支撑件组成。

1.钢模板

钢模板的主要类型有平面模板、阳角模板、阴角模板和连接角模。

平面模板（图 3-1）由面板和肋条组成，一般采用 Q235 钢板制成，面板厚 2.3 mm 或 2.5 mm，边框及肋骨采用 55 mm×2.8 mm 的扁钢制成，边框外有连接孔。平面模板可用于基础、柱、梁、板和墙等各种结构的平面部位。

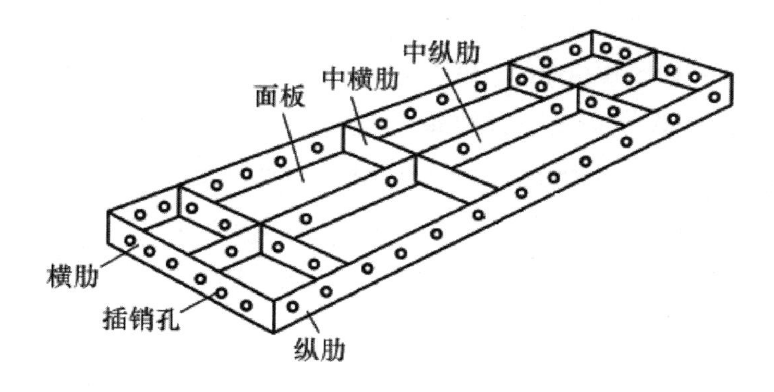

图 3-1　平面模板

转角模板（图 3-2）的长度和平面模板相同。其中，阴角模板用于墙体和各种构件的内角（凹角）的转角部位；阳角模板用于柱、梁及墙体等外角（凸角）的转角部位；连接角模亦用于梁、柱和墙体等外角（凸角）的转角部位。

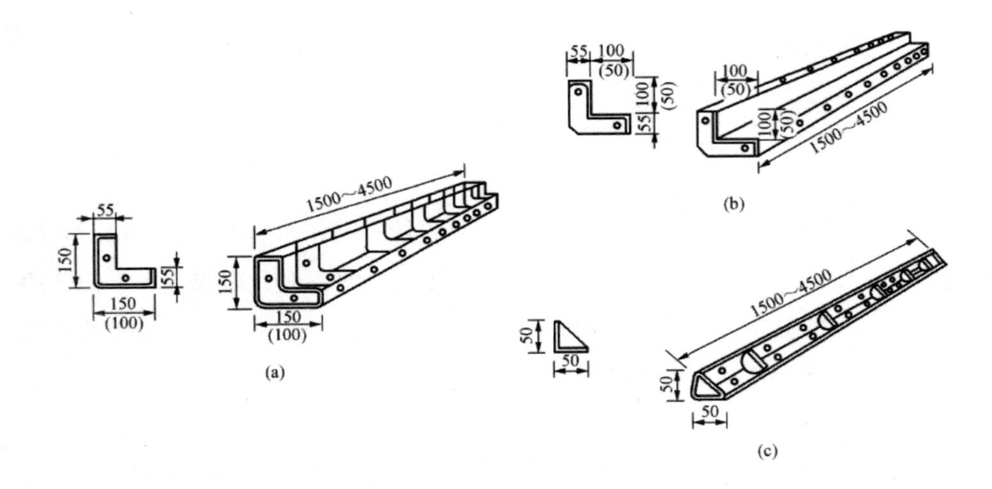

（a）阴角模板；（b）阳角模板；（c）连接角模

图 3-2 转角模板（单位 mm）

2.钢模板的连接件

组合钢模板的连接件（图 3-3）主要包括 U 形卡、L 形插销、钩头螺栓、紧固螺栓、对拉螺栓和扣件等。相邻模板的连接均采用 U 形卡，U 形卡安装距离一般不大于 300 mm。L 形插销插入钢模板端部横肋的插销孔内，以增强相邻模板接头处的刚度，保证接头处板面平整。钩头螺栓用于钢模板与内外钢楞的连接和紧固。紧固螺栓用于紧固内外钢楞。对拉螺栓用于连接墙壁两侧模板。扣件用于钢模板与钢楞或钢楞之间的紧固，并与其他配件一起将钢模板拼装成整体。扣件可分为蝶形扣件和 3 字形扣件。

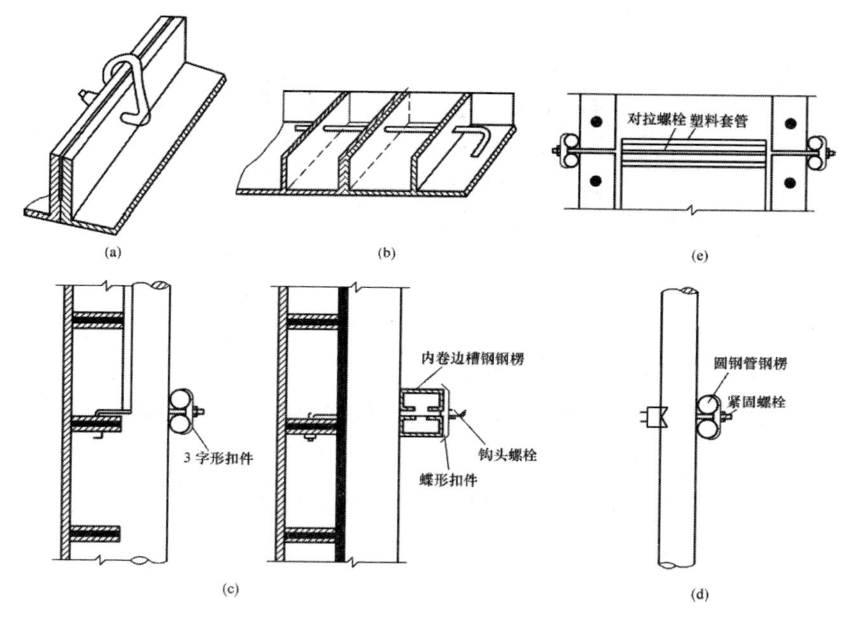

（a）U 形卡连接；（b）L 形插销连接；（c）钩头螺栓连接；
（d）紧固螺栓连接；（e）对拉螺栓连接

图 3-3　模板连接件

3.钢模板的支撑件

组合钢模板的支撑件包括钢楞、支柱、斜撑、柱箍、平面组合式桁架等。钢楞是用于增强钢模板整体稳定性和刚度的构件，施工中常用的钢楞主要是钢管和槽钢。当使用槽钢时，扣件采用蝶形扣件（图 3-4）；当采用钢管时，扣件采用 3 字形扣件（图 3-5）。

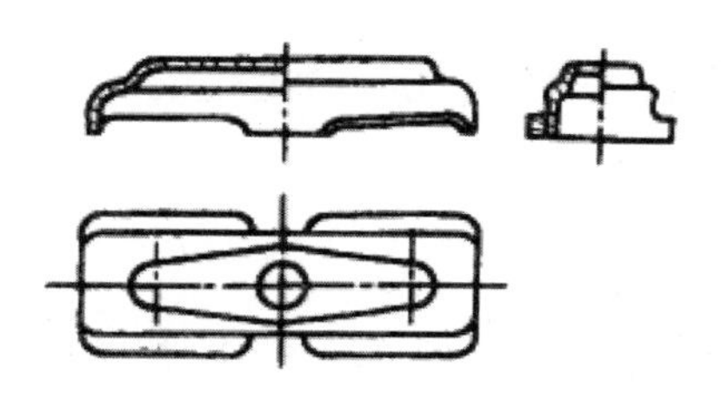

图 3-4　蝶形扣件

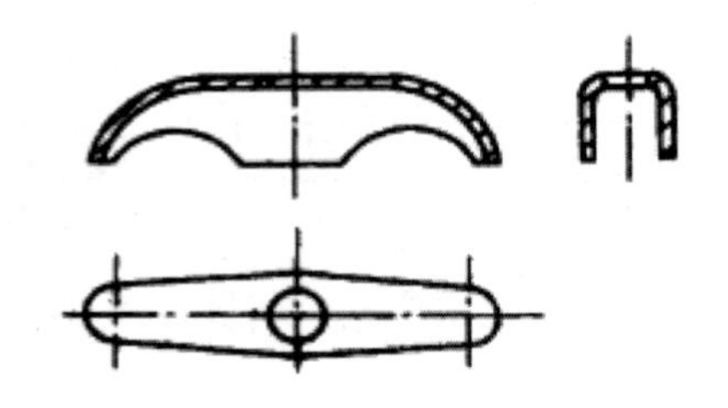

图 3-5　3 字形扣件

支柱、斜撑和平面组合式桁架可组合搭建成钢模板的支撑平台，在这个平台上即可铺设模板。桁架的作用主要是承载模板和混凝土的重量及施工荷载，并将这些荷载传给竖向支柱，同时还可以减少模板支撑体系的使用构件，增大施工空间等。支柱是承担模板支撑体系竖向荷载的构件，它通过斜撑来保持稳定，将荷载传给地面或其他承载物。

（二）木模板

木模板是传统的模板，目前除了有些中小工程或工程的某些部位使用木模板，其他基本上以使用钢模板和胶合板为主。但是其他形式的模板在构造上可以说是从木模板演变而来的。

木模板及其支架系统一般在加工厂或现场加工成元件，然后再在现场拼装。拼板由规则的板条钉拼而成，板条厚度一般为 25～50 mm，板条宽度不宜超过 200 mm，以保证干缩时缝隙均匀，浇水后易于密缝，但用于梁底模的板条宽度不受限制，尽量采用整块模板，以减少漏浆。拼条的间距取决于所浇混凝土的侧压力和板条厚度，一般为 400～500 mm。

（三）胶合板模板

胶合板模板目前在土木工程中被广泛应用，按制作材质可分为木胶合板和竹胶合板。这类模板一般为散装散拆式，也有加工成基本元件（拼板）在现场拼装的。胶合板模板拆除后可周转使用，但周转次数不多。

胶合板模板通常是将胶合板钉在木楞上而制作成的。胶合板厚度一般为12～21 mm，板块较大；木楞一般采用 50 mm×100 mm 或 100 mm×100 mm 的方木，间距为 200～300 mm。

胶合板模板具有以下优点：①板幅大、自重轻，既可以减少安装工作量，又可以使模板的运输、堆放、使用和管理更加方便；②面平整、光滑，可保证混凝土表面平整，用作清水混凝土模板最为理想；③锯截方便，易加工成各种形状的模板，可用作曲面模板；④保温性好，能防止温度变化过快。

（四）大模板

大模板（图 3-6）一般由面板、加劲肋、竖楞、支撑桁架、稳定机构及附件组成。

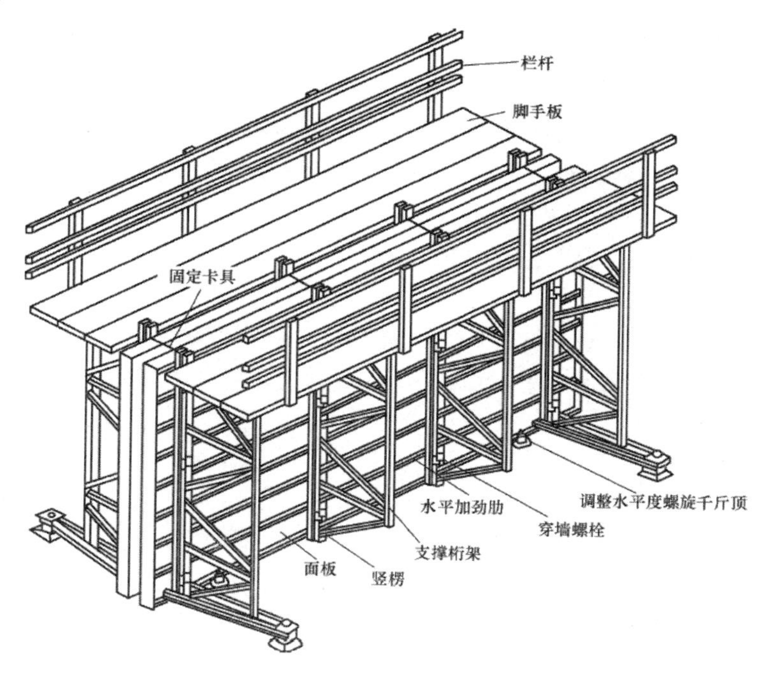

图 3-6　大模板组成系统

面板是直接与混凝土接触的部分，表面应平整、刚度好，可采用胶合板、钢板等。加劲肋的作用是固定面板，减少其变形并把由混凝土传来的侧压力传递到竖楞上去。加劲肋可做成垂直肋或水平肋，与金属面板焊接固定；若面板为胶合板，则可用钉子或螺栓将面板与加劲肋固定。

竖楞的作用是加强大模板的整体刚度，以承受模板传来的水平力和垂直力。竖楞通常用65号或80号槽钢成对放置，两槽钢间留有空隙，以通过穿墙螺栓，竖楞间距一般为1～2 m。

支撑桁架用螺栓或焊接方式与竖楞连接，其作用是承受风荷载等水平力，防止大模板倾覆，桁架上部可搭设操作平台。稳定机构为大模板两端桁架底部伸出的支腿，其上设置螺旋千斤顶，在模板使用阶段用以调整模板的垂直度，并把作用力传递到地面或楼面上；在模板堆放时用来调整模板的倾斜度，以保证模板稳定。

操作平台是施工人员操作的场所，构建操作平台的方式主要有两种：一是将脚手板直接铺在桁架的水平弦杆上，外侧设栏杆，其特点是工作面小、投资少、装拆方便；二是在两道横墙之间的大模板的边框上用角钢连接成为格栅，再满铺脚手板，其特点是施工安全，但耗钢量大。

（五）滑升模板

滑升模板（图 3-7）是一种工业化模板，用于现场浇筑高耸构筑物和建筑物等竖向结构，如烟囱、筒仓、高桥墩、电视塔、竖井、沉井、双曲线冷却塔和高层建筑等。

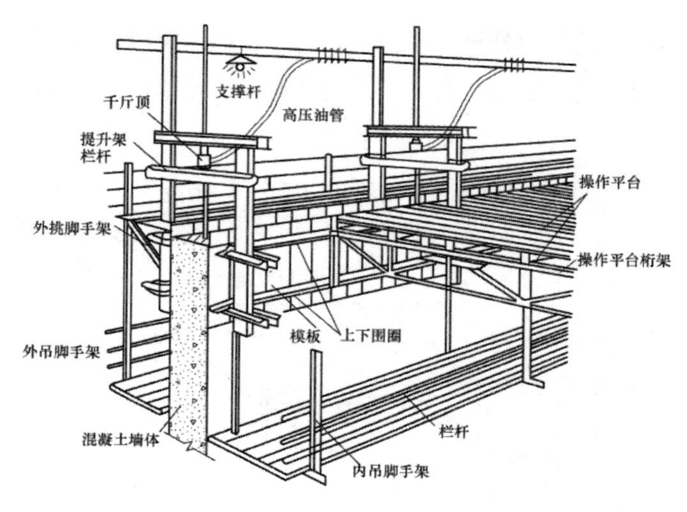

图 3-7 滑升模板

施工特点：在构筑物或建筑物底部，沿其墙、柱、梁等构件的周围组装高 1.2 m 左右的滑升模板，向模板内不断地分层浇筑混凝土，用液压提升设备使模板不断地沿埋在混凝土中的支承杆向上滑升，直到到达需要浇筑的高度为止。

滑升模板主要由模板系统、操作平台系统、液压提升系统这几个部分组成。模板系统包括模板、围圈、提升架；操作平台系统包括操作平台（平台桁架和铺板）和吊脚手架；液压提升系统包括支承杆、液压千斤顶、液压控制台、油路系统。

（六）台模

台模是浇筑钢筋混凝土楼板的一种大型工具式模板。台模自身整体性好，浇出的混凝土表面平整，施工进度快，适用于各种现浇混凝土结构的小开间、小进深楼板。

台模按支撑形式可以分为支腿式和无支腿式。无支腿式台模悬挂于墙上或固定于柱顶。支腿式台模由面板、檩条、支撑框架等组成，如图 3-8 所示。面板是直接接触混凝土的部件，可采用胶合板、钢板、塑料板等，其表面平整光滑，具有较高的强度和刚度。支撑框架的支腿可伸缩或折叠，底部一般带有轮子，以便移动。

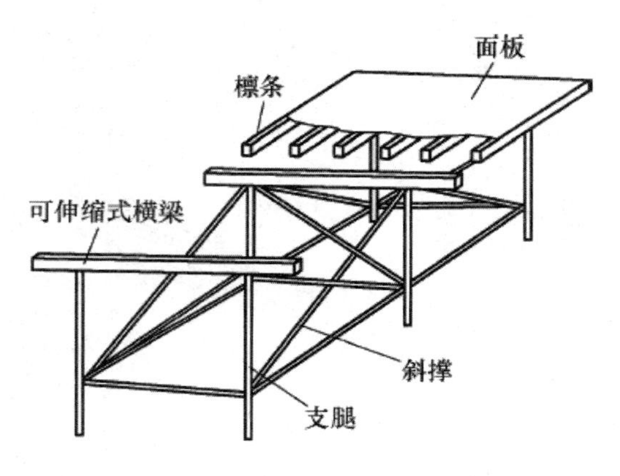

图 3-8　支腿式台模

（七）隧道模

隧道模是一种将楼板和墙体一次性支模的工具式模板，相当于将台模和大模板组合起来，用于墙体和楼板的同步施工。隧道模有整体式和双拼式两种。整体式隧道模自重大、移动困难，故应用较少；双拼式隧道模在“内浇外挂”和“内浇外砌”的高、多层建筑中应用较多。

双拼式隧道模（图 3-9）由两个半隧道模和一道独立模板组成，独立模板的支撑一般也是独立的。在两个半隧道模之间加一道独立模板的作用是：①其宽度可以变化，使隧道模适用于不同的开间；②在不拆除独立模板及支撑的情况下，两个半隧道模可提早拆除，加快周转。半隧道模的竖向墙模板和水平楼板模板间用斜撑连接，在模板的长度方向，沿墙模板底部设行走轮和千斤顶。模板就位后，千斤顶将模板顶起，行走轮离开地面，施工荷载全部由千斤顶承担。脱模时，松动千斤顶，在自重作用下半隧道模下降脱模，行走轮落到楼板上，可移出楼面，吊升至上一楼层继续施工。

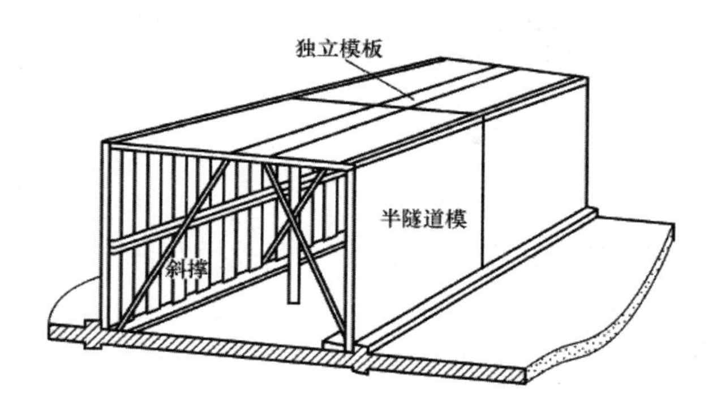

图 3-9 双拼式隧道模

二、模板系统设计

模板系统的设计包括选型、选材、荷载计算、结构计算、拟订制作安装和拆除方案、绘制模板工程施工图等。

模板及其支架应根据工程结构形式、荷载大小、地基土类别、施工设备和材料供应等条件进行设计。模板及其支架应具有足够的承载能力、刚度和稳定性，能可靠地承受浇筑混凝土的重量、侧压力以及施工荷载，不变形，不出现倾覆和失稳现象。

作用在模板系统上的荷载分为永久荷载和可变荷载。永久荷载有：模板与支架的自重、新浇筑混凝土自重、钢筋自重，以及新浇筑混凝土对模板侧面的压力。可变荷载有：施工人员及施工设备荷载、混凝土下料产生的荷载、泵送混凝土或不均匀堆载等因素产生的附加水平荷载及风荷载等。进行模板设计时，要对各项荷载进行准确计算。

模板除满足强度要求外，还应满足刚度要求。对于结构外露表面的模板，其挠度不得超过模板构件跨度的 1/400；结构隐蔽表面模板的挠度不得超过模板构件跨度的 1/250。

三、模板的安装与拆除

（一）模板的安装

尽管模板结构是钢筋混凝土工程施工时所使用的临时结构物，但它对钢筋混凝土工程的施工质量和工程成本影响很大。模板安装的基本要求如下。

①安装现浇结构的上层模板及其支架时，下层楼板应具有承受上层荷载的承载能力，否则需要加设支架；加设支架时，上、下层支架的立柱应对准，并铺设垫板。

②在涂刷模板隔离剂时，不得弄脏钢筋和混凝土接槎处。

③模板的接缝严密，不应漏浆；在浇筑混凝土前，木模板应浇水湿润，但模板内不应有积水。

④模板与混凝土的接触面应清理干净并涂刷隔离剂，但不得采用影响结构性能或妨碍装饰工程施工的隔离剂。

⑤浇筑混凝土前，模板内的杂物应清理干净。

⑥对清水混凝土工程及装饰混凝土工程，应使用能达到设计效果的模板。

⑦用作模板的地坪、胎模等应平整光洁，不得产生影响构件质量的下沉、裂缝、起砂或起鼓现象。

⑧对跨度不小于 4 m 的钢筋混凝土梁、板，其模板应按设计要求起拱；当设计无具体要求时，起拱高度宜为跨度的 1/1 000～3/1 000.

⑨固定在模板上的预埋件、预留孔和预留洞均不得遗漏，且应安装牢固，其偏差应符合现行国家标准的规定。

⑩模板安装应保证结构和构件各部分的形状、尺寸和相互间位置的正确性。现浇结构模板安装的偏差、预制构件模板安装的偏差应符合现行国家标准的规定。

⑪构件简单，装拆方便，能多次周转使用。

（二）模板的拆除

1.模板拆除要求

①底模及其支架拆除时的混凝土强度应符合设计要求。当设计无具体要求时，混凝土强度应符合表 3-1 的规定。

表 3-1　底模拆除时的混凝土强度要求

构件类型	构件跨度（m）	达到设计的混凝土立方体抗压强度标准值的百分率（%）
板	≤2	≥50
	>2，≤8	≥75
	>8	≥100
梁、拱、壳	≤8	≥75
	>8	≥100
悬臂构件	—	≥100

②对后张法预应力混凝土结构构件，侧模板宜在预应力张拉前拆除；底模支架的拆除应按施工技术方案执行，当无具体要求时，不应在结构构件达到预应力前拆除。

③后浇带模板的拆除和支顶应按施工技术方案执行。

④侧模板拆除时的混凝土强度应能保证其表面及棱角不受损伤。

⑤模板拆除时，不应对楼层形成冲击荷载。拆除的模板和支架宜分散堆放并及时清运。

2.模板拆除顺序

模板的拆除顺序一般是先拆非承重模板，后拆承重模板；先拆侧模板，后拆底模板。框架结构模板的拆除顺序一般是柱、楼板、梁侧模、梁底模。拆除大型结构的模板时，必须事先制订详细的拆除方案。

模板的拆除是混凝土达到规定强度后进行的工作，与混凝土质量及施工安全有着十分密切的关系。拆除现浇混凝土结构的模板及其支架时，混凝土强度应符合规定，侧模应在混凝土强度能保证其表面及棱角不因拆除模板而受损伤时方可拆除。

模板拆除应按一定的顺序进行，一般应遵循先支后拆、后支先拆，先拆除非承重部位、后拆除承重部位及自上而下的原则。重要及复杂模板的拆除，事前应制订拆除方案。拆除模板时，不要用力过猛、过急，严禁用大锤和撬棍硬砸硬撬，以避免混凝土表面或模板受到损坏。

四、新模板技术

（一）清水混凝土模板技术

清水混凝土模板是指能确保混凝土表面质量和外观设计效果达到清水混凝土质量要求和设计效果的模板，可选择多种材质制作。清水混凝土模板必须符合表面平整光洁，模板分块，面板分割和穿墙螺栓孔眼排列规律、整齐，几何尺寸准确，拼缝严密，周转使用次数多等要求。

清水混凝土模板的施工工艺流程：根据图纸结构形式设计计算模板强度和板块规格→结合留洞位置绘制组合展开图→按实际尺寸放大样→加工配制标准和非标准板块→模板块检测验收→编排顺序号码、涂刷隔离剂→测量放线→钢筋绑扎、管线预埋→排架搭设→焊定位筋→柱、墙模板组装校正、验收→浇筑柱、墙混凝土至梁底下 50 mm→安装梁底模及侧模→梁钢筋绑扎→拆除柱、墙下段模板、吊运保养→二次安装柱头、墙头接高模板→第二面梁帮模板安装、校正、验收→铺设平台模板→平台筋绑扎、管线敷设→浇筑混凝土、保养→模板拆除后保养待翻转使用。

（二）早拆模板技术

早拆模板技术是指支撑系统和模板能够分离，当混凝土浇筑 3～4 d 后，强度达到设计强度的 50%以上时，可敲击早拆柱头，提前拆除横楞和模板，而柱头顶板仍然支撑着现浇结构构件，直到混凝土强度达到符合规范允许拆模数值为止的模板技术。

早拆模板体系由模板、支撑系统（立柱）、早拆柱头、横梁和可调底座等组成。它的主要施工工艺为模板安装和模板拆除。模板安装按以下工序进行。

①按模板工程施工图放线，在放线交点处安放独立式钢立柱或安放立杆，用横杆将立杆互相连成整体支架。

②支架安装后，将早拆柱头、早拆托架或可调顶托的螺杆插入立杆顶部孔内，并使插销和托架就位，然后放横梁调整位置。

③横梁就位后从一侧开始铺设模板，模板与柱头板交接处随铺模板随将柱头板调至所需高度。

④铺完模板后，涂刷隔离剂，板缝处贴胶带防止漏浆，并进行模板检查验收和质量评定工作。模板拆除要满足拆模强度，按模板施工图保留部分立杆和早拆柱头，其余部分可同步拆除，拆模时从一侧或一端开始，保留的立杆和早拆柱头应在混凝土强度达到正常拆模强度后再进行拆除，如需提前拆除保留立杆，则必须加设临时支撑。

（三）液压自动爬模技术

液压自动爬模技术是将钢管支承杆设在结构体内、体外或结构顶部，以液压千斤顶或液压油缸为动力提升提升架、模板、操作平台及吊架等，爬升成套爬模，适用于高层建筑全剪力墙结构、框架结构核心筒、钢结构核心筒、高耸构造物、桥墩、巨型柱等结构的施工。液压自动爬模主要由模板系统、液压提升系统和操作平台系统组成。

①模板系统。由定型组合大钢模板、全钢大模板或钢框胶合板模板、调节

缝板、角模、钢背楞及穿墙螺栓、铸钢螺母、铸钢垫片等组成。

②液压提升系统。由提升架立柱、横梁、斜撑、活动支腿、滑道夹板、围圈、千斤顶、支承杆、液压控制台、各种孔径的油管及阀门、接头等组成。当支承杆设在结构顶部时，要增加导轨、防坠装置、钢牛腿、挂钩等。

③操作平台系统。由操作平台、吊平台、中间平台、上操作平台、外挑梁、外架立柱、斜撑、栏杆、安全网等组成。

第二节　钢筋工程

从钢筋原材料的进场验收到一系列的钢筋加工，直至最后的绑扎安装，都必须进行严格的质量控制，以确保钢筋混凝土结构的质量。

一、钢筋验收

钢筋进场时，应按国家现行相关标准的规定抽取试件做力学性能和重量偏差检验，检验结果必须符合有关标准的规定。钢筋应平直、无损伤，表面不得有裂纹、油污、颗粒状或片状老锈。

对有抗震设防要求的结构，其纵向受力钢筋的性能应满足设计要求；当设计无具体要求时，对按一、二、三级抗震等级设计的框架和斜撑构件（含梯段）中的纵向受力钢筋应采用 HRB400E、HRB500E、HRBF400E 或 HRBF500E 钢筋，其强度和最大力下总伸长率的实测值应符合下列规定。

①钢筋的抗拉强度实测值与屈服强度实测值的比值不应小于 1.25。

②钢筋的屈服强度实测值与屈服强度标准值的比值不应大于 1.3。

③钢筋的最大力下总伸长率不应小于 9%。

当出现钢筋脆断、焊接性能不良或力学性能不正常等现象时，应停止使用该批钢筋，并应对该批钢筋进行化学成分检验或其他专项检验。

二、钢筋加工

钢筋加工包括调直、除锈、剪切和弯曲等，宜在常温状态下进行，加工过程中不应对钢筋进行加热。钢筋应一次弯折到位。

（一）调直

钢筋宜采用无延伸功能的机械设备进行调直，也可采用冷拉方法调直。当采用冷拉方法调直时，HPB300 光圆钢筋的冷拉率不宜大于 4%；HRB400、HRB500、HRBF400、HRBF500 及 RRB400 带肋钢筋的冷拉率不宜大于 1%。

（二）除锈

钢筋由于保存不善或存放过久，其表面会结成一层铁锈，铁锈会影响钢筋和混凝土的黏结力，并影响构件的使用效果，因此在使用前应将铁锈清除干净。可用电动除锈机除锈，还可用喷砂和酸洗除锈等方法。

（三）剪切

钢筋下料剪断可用钢筋剪切机或手动剪切器。手动剪切器一般只用于剪切直径小于 12 mm 的钢筋；钢筋剪切机可剪切直径小于 40 mm 的钢筋；直径大于 40 mm 的钢筋则要用锯床锯断，也可用氧乙炔焰或电弧切割。

（四）弯曲

受力钢筋的弯折和弯钩应符合以下规定。

①HPB300 级钢筋末端应做 180° 弯钩，弯弧内直径不应小于钢筋直径的 2.5 倍，弯钩的弯后平直部分长度不应小于钢筋直径的 3 倍。

②设计要求钢筋末端做 135° 弯钩时，HRB335 级、HRB400 级钢筋的弯弧内直径不应小于钢筋直径的 4 倍，弯钩后的平直长度应符合设计要求。

③钢筋作不大于 90° 的弯折时，弯折处的弯弧内直径不应小于钢筋直径的 5 倍。

除焊接封闭箍筋外，箍筋、拉筋的末端应按设计要求做弯钩。当设计无具体要求时，应符合以下规定。

①箍筋弯钩的弯弧内直径除应满足受力钢筋的弯折和弯钩的规定外，还应不小于受力钢筋直径。

②箍筋弯钩的弯折角度：一般结构不宜小于 90°，有抗震等要求的结构弯钩应为 135°。

③弯钩后平直部分长度：一般结构不应小于箍筋直径的 5 倍，有抗震等要求的结构不应小于箍筋直径的 10 倍。

三、钢筋连接

钢筋的连接方法主要有焊接连接、绑扎搭接连接和机械连接。

（一）钢筋连接的基本要求

钢筋的接头宜设置在受力较小处。同一纵向受力钢筋不宜设置两个或两个以上接头，接头末端至钢筋弯起点的距离不应小于钢筋直径的 10 倍。

当受力钢筋采用机械连接接头或焊接接头时，设置在同一构件内的接头宜相互错开。纵向受力钢筋机械连接接头及焊接接头连接区段的长度为35*d*（*d*为纵向受力钢筋的较大直径）且不应小于500 mm，凡接头中点位于该连接区段长度内的接头均属于同一连接区段。

同一连接区段内，纵向受力钢筋的接头面积百分率（同一连接区段内，纵向受力钢筋机械连接及焊接的接头面积百分率为该区段内有接头的纵向受力钢筋截面面积与全部纵向受力钢筋截面面积的比值）应符合设计要求；当设计无具体要求时，应符合以下规定。

①在受拉区不宜大于50%。

②接头不宜设置在有抗震设防要求的框架梁端、柱端的箍筋加密区；当无法避开时，对等强度高质量机械连接接头，不应大于50%。

③直接承受动力荷载的结构构件中，不宜采用焊接接头；当采用机械连接接头时，不应大于50%。

（二）焊接连接

常用焊接方法有闪光对焊、电弧焊、电阻点焊、电渣压力焊、埋弧压力焊、气压焊等。直接承受动力荷载的结构构件中，纵向钢筋不宜采用焊接接头。

1.闪光对焊

闪光对焊是利用对焊机使两段钢筋接触、通过低电压的强电流，把电能转化为热能，待钢筋被加热到一定温度后，即施加轴向压力挤压（称为顶锻）便形成对焊接头。常见的钢筋闪光对焊工艺有连续闪光焊、预热闪光焊和闪光-预热闪光焊。闪光对焊广泛应用于钢筋纵向连接及预应力钢筋与螺丝端杆的焊接。

2.电弧焊

电弧焊是利用弧焊机使焊条与焊件之间产生高温电弧，使焊条和高温电弧范围内的焊件金属熔化，熔化的金属凝固后便形成焊缝和焊接接头。电弧焊广泛应用于钢筋接头、钢筋骨架焊接、装配式结构接头的焊接、钢筋与钢板的焊接及各种钢结构的焊接。钢筋电弧焊的接头形式有搭接焊接头、帮条焊接头、剖口焊接头、熔槽帮条焊接头和窄间隙焊。

3.电阻点焊

电阻点焊是指当钢筋交叉点焊时，接触点只有一个，且接触电阻较大，在接触的瞬间，电流产生的全部热量都集中在一点上，因而使金属受热熔化，同时在电极加压下使焊点金属得到焊合。电阻点焊主要用于小直径钢筋的交叉连接，如用来焊接钢筋骨架、钢筋网中交叉钢筋的焊接。

4.电渣压力焊

电渣压力焊是利用电流通过电渣池产生的电阻热将钢筋端部熔化，然后施加压力使钢筋焊接为一体。电渣压力焊适用于现浇钢筋混凝土结构中直径14～40 mm的竖向或斜向钢筋的焊接接长。

5.气压焊

钢筋气压焊是采用一定比例的氧气和乙炔的混合气体燃烧的高温火焰为热源，对需要焊接的两根钢筋端部接缝处进行加热烘烤，使其达到热塑状态，同时对钢筋施加30～40 N/mm^{2}的轴向压力，使钢筋顶锻在一起。气压焊不仅适用于竖向钢筋的连接，也适用于各种方位布置的钢筋连接。当不同直径的钢筋焊接时，两钢筋直径差不得大于7 mm。

（三）绑扎搭接连接

同一构件中相邻纵向受力钢筋的绑扎搭接接头宜相互错开。绑扎搭接接头中钢筋的横向净距不应小于钢筋直径，且不应小于25 mm。

钢筋绑扎搭接接头连接区段的长度为1.3l_a（l_a为搭接长度），凡搭接接头中点位于该连接区段长度内的搭接接头均属于同一连接区段。同一连接区段内，纵向钢筋搭接接头面积百分率为该区段内有搭接接头的纵向受力钢筋截面面积与全部纵向受力钢筋截面面积的比值，如图3-10所示。

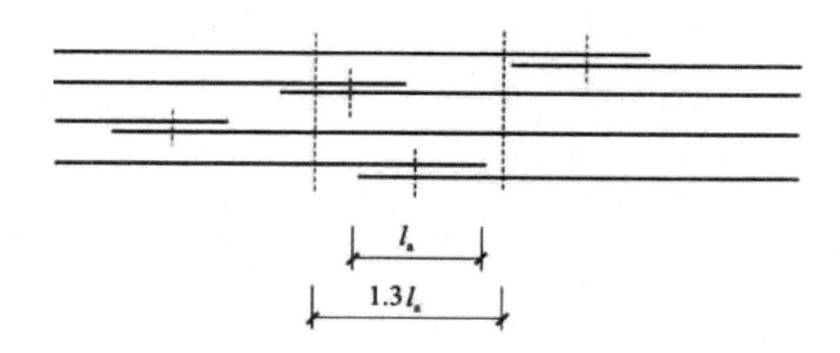

图 3-10　钢筋绑扎搭接接头连接区段及接头面积百分率

注：图中所示搭接接头同一连接区段内的搭接钢筋为 2 根，当各钢筋直径相同时，接头面积百分率为 50%。

同一连接区段内，纵向受拉钢筋搭接接头面积百分率应符合设计要求。当设计无具体要求时，应符合以下规定。

①梁类、板类及墙类构件不宜大于 25%。

②柱类构件不宜大于 50%。

③当工程中确有必要增大接头面积百分率时，梁类构件不应大于 50%，其他构件可根据实际情况放宽。

在梁、柱类构件的纵向受力钢筋搭接长度范围内，应按设计要求配置箍筋。当设计无具体要求时，应符合以下规定。

①箍筋直径不应小于搭接钢筋较大直径的 0.25 倍。

②受拉搭接区段的箍筋间距不应大于搭接钢筋较小直径的 5 倍，且不应大于 100 mm。

③受压搭接区段的箍筋间距不应大于搭接钢筋较小直径的 10 倍，且不应大于 200 mm。

④当柱中纵向受力钢筋直径大于 25 mm 时，应在搭接接头两端外 100 mm 范围内各设置两个箍筋，其间距宜为 50 mm。

（四）机械连接

钢筋机械连接包括钢筋套筒挤压连接和钢筋螺纹套管连接。

1.钢筋套筒挤压连接

钢筋套筒挤压连接是指将需要连接的两根变形钢筋插入特制的钢套筒内，利用液压驱动的挤压机沿径向或轴向压缩套筒，使钢套筒产生塑性变形，靠变形后的钢套筒内壁紧紧咬住变形钢筋来实现钢筋的连接。这种方法适用于竖向、横向及其他方向的较大直径变形钢筋的连接。

2.钢筋螺纹套管连接

钢筋螺纹套管连接分为锥形螺纹套管连接和直螺纹套管连接两种。锥形螺纹套管连接是指将用于这种连接的钢套管内壁用专用机床加工有锥螺纹，钢筋的对接端头也在套丝机上加工有与套管匹配的锥形螺纹。连接时，经检查螺纹无油污和损伤后，先用手旋入钢筋，然后用扭矩扳手紧固至规定的扭矩，即完成连接。钢筋螺纹套管连接施工速度快，不受气候影响，自锁性能好，能承受拉、压轴向力和水平力，可在施工现场连接同径或异径的竖向、水平或任何倾角的钢筋，目前已在我国广泛应用。

四、钢筋安装

（一）准备工作

现场弹线，并剔凿、清理接头处表面混凝土浮浆、松动石子、混凝土块等，整理接头处插筋。

核对要绑钢筋的规格、直径、形状、尺寸和数量等是否与料单、料牌和图纸相符。

准备绑扎用的钢丝、工具和绑扎架等。

（二）柱钢筋绑扎

柱钢筋的绑扎应在柱模板安装前进行。

每层柱第一个钢筋接头位置距楼地面高度不宜小于 500 mm、柱净高的 1/6 及柱截面长边（或直径）的较大值。

框架梁、牛腿及柱帽等钢筋，应放在柱子纵向钢筋内侧。

柱中的竖向钢筋搭接时，角部钢筋的弯钩应与模板成 45°（多边形柱为模板内角的平分角，圆形柱应与模板切线垂直），中间钢筋的弯钩应与模板成 90°。

箍筋的接头（弯钩叠合处）应交错布置在四角纵向钢筋上；箍筋转角与纵向钢筋交叉点均应扎牢（箍筋平直部分与纵向钢筋交叉点可间隔扎牢），绑扎箍筋时绑扣相互间应成八字形。

如设计无特殊要求，当柱中纵向受力钢筋直径大于 25 mm 时，应在搭接接头两个端面外 100 mm 范围内各设置两个箍筋，其间距宜为 50 mm。

（三）墙钢筋绑扎

墙钢筋的绑扎也应在模板安装前进行。

墙（包括水塔壁、烟囱筒身、池壁等）的垂直钢筋每段长度不宜超过 4 m（钢筋直径不大于 12 mm）或 6 m（钢筋直径大于 12 mm）或层高加搭接长度，水平钢筋每段长度不宜超过 8 m，以利于绑扎。钢筋的弯钩应朝向混凝土内。

采用双层钢筋网时，在两层钢筋间应设置撑铁或绑扎架，以固定钢筋间距。

（四）梁、板钢筋绑扎

连续梁、板的上部钢筋接头位置宜设置在跨中 1/3 跨度范围内，下部钢筋接头位置宜设置在梁端 1/3 跨度范围内。

当梁的高度较小时，梁的钢筋架空在梁模板顶上绑扎，然后再落位；当梁的高度较大（大于或等于 1 m）时，梁的钢筋宜在梁底模上绑扎，其两侧模板或一侧模板后装。板的钢筋在模板安装后绑扎。

梁纵向受力钢筋采用双层排列时，两排钢筋之间应垫以直径不小于 25 mm 的短钢筋，以保持其设计距离。箍筋的接头（弯钩叠合处）应交错布置在两根架立钢筋上，其余同柱。

板的钢筋网绑扎，四周两行钢筋交叉点应每点扎牢，中间部分交叉点可相隔交错扎牢，但必须保证受力钢筋不位移。对于双向主筋的钢筋网，则必须将全部钢筋相交点扎牢。采用双层钢筋网时，在上层钢筋网下面应设置钢筋撑脚，以保证钢筋位置正确。绑扎时应注意相邻绑扎点的钢丝扣要成八字形，以免网片歪斜变形。

应注意板上部的负筋，要防止被踩下；特别是雨篷、挑檐、阳台等悬臂板，要严格控制负筋位置，以免拆模后断裂。

板、次梁与主梁交叉处，板的钢筋在上，次梁的钢筋居中，主梁的钢筋在下；当有圈梁或垫梁时，主梁的钢筋在上。

框架节点处钢筋穿插十分稠密时，应特别注意梁顶面主筋间的净距要不小于 30 mm，以利于浇筑混凝土。

梁板钢筋绑扎时，应防止水电管线影响钢筋位置。

第三节　混凝土工程

混凝土工程包括配置、搅拌、运输、浇筑、振捣、养护等过程。在整个施工过程中，各工序是紧密联系又相互影响的，如果其中任一工序处理不当，都会影响混凝土工程的最终质量。合格的混凝土不但要有良好的外形，还要有较好的强度、密实性和整体性。

一、混凝土的配置

由于组成混凝土的各种原材料会直接影响混凝土的质量，所以必须对原材料加以控制，而各种材料的温度、湿度和体积又经常发生变化，同体积的材料有时重量相差很大，所以拌制混凝土的配合比应按重量计量，这样才能保证配合比准确、合理，使拌制的混凝土质量达到要求。

（一）对原材料的要求

组成混凝土的原材料包括水泥、砂、石、水、掺和料、外加剂等。

1.水泥

常用的水泥品种有硅酸盐水泥、普通硅酸盐水泥、矿渣硅酸盐水泥、火山灰质硅酸盐水泥、粉煤灰硅酸盐水泥等五种。在某些特殊条件下也可以采用其他品种水泥，但水泥的性能指标必须符合现行国家有关标准的规定。水泥的品种和成分不同，其凝结时间、早期强度、水化热、吸水性和抗侵蚀的性能等也不同，所以应合理选择水泥品种。

水泥进场时应对其品种、级别、包装或散装仓号、出厂日期等进行检查，并应对其强度、安定性及其他必要的性能指标进行复验，其质量必须符合现行国家标准的规定。在使用过程中对水泥质量有怀疑或水泥出厂超过三个月（快硬硅酸盐水泥超过一个月）时，应进行复验，并根据复验结果决定是否继续使用。在钢筋混凝土结构、预应力混凝土结构中，严禁使用含氯化物的水泥。

入库的水泥应按品种、强度等级、出厂日期分别堆放，并树立标志。做到先到先用，并防止混掺使用。为了防止水泥受潮，现场仓库应尽量密闭。袋装水泥存放时，应垫起离地约 30 cm 高，离墙间距应在 30 cm 以上。堆放高度一般不要超过 10 包。露天临时暂存的水泥也应用防雨篷布盖严，底板要垫高，并采取防潮措施。

2.细骨料

混凝土中所用细骨料一般为砂，根据其平均粒径或细度模数可分为粗砂、中砂、细砂和特细砂四种。混凝土用砂以模数为2.5～3.5的中粗砂最为合适，孔隙率不宜超过45%。因为砂越细，其总表面积就越大，包裹砂粒表面和润滑砂粒用的水泥浆用量就越多；而孔隙率越大，所需填充孔隙的水泥浆用量又会增多，这不仅会增加水泥用量，而且较大的孔隙率也将影响混凝土的强度和耐久性。为了保证混凝土有良好的技术性能，砂的颗粒级配、含泥量、坚固性、有害物质含量等方面的性质必须满足国家有关标准的规定，其中对砂中有害杂质含量的限制如表3-2所示。

表3-2 砂的质量要求

项目	≥C30混凝土	<C30混凝土
含泥量，按质量计（%）	≤3.0	≤5.0
泥块含量，按质量计（%）	≤1.0	≤2.0
云母含量，按质量计（%）	≤2.0	
轻物质含量，按质量计（%）	≤1.0	
硫化物和硫酸盐含量，按质量计（折算为SO_2）（%）	≤1.0	
有机质含量（用比色法试验）	颜色不应深于标准色。如深于标准色，则应配制成水泥胶砂进行强度对比试验，抗压强度比不应低于0.95	

此外，如果怀疑砂中含有活性二氧化硅，可能会引起混凝土的碱-骨料反应时，应根据混凝土结构或构件的使用条件进行专门试验，以确定其是否可用。

3.粗骨料

混凝土中常用的粗骨料有碎石或卵石。由天然岩石经破碎、筛分而得的粒径大于5 mm的岩石颗粒，称为碎石；在自然条件下形成的粒径大于5 mm的岩石颗粒，称为卵石。

石子的级配和最大粒径对混凝土质量有较大影响。级配越高，其孔隙率越小，这样不仅能节约水泥，而且混凝土的和易性、密实性和强度也较高，所以碎石或卵石的颗粒级配必须符合规范的要求。在级配合适的条件下，石子的最大粒径越大，其总表面积就越小，这对节省水泥和提高混凝土的强度都有好处。但由于受到结构断面、钢筋间距及施工条件的限制，选择石子的最大粒径应符合下述规定：石子的最大粒径不得超过结构截面最小尺寸的 1/4，且不得超过钢筋最小净间距的 3/4；对实心板来说，最大粒径不宜超过板厚的 1/3，且不得超过 40 mm；在任何情况下，石子粒径不得大于 150 mm。故在一般桥梁墩、台等大断面工程中常采用 120 mm 的石子，而在建筑工程中常采用 80 mm 或 40 mm 的石子。

石子的质量要求如表 3-3 所示。当怀疑石子中因含有活性二氧化硅而可能引起碱-骨料反应时，必须根据混凝土结构或构件的使用条件，进行专门试验，以确定是否可以使用。

表 3-3　石子的质量要求

<table>
<tr><th>项目</th><th>≥C30 混凝土</th><th><C30 混凝土</th></tr>
<tr><td>针、片状颗粒含量，按质量计（%）</td><td>≤15</td><td>≤25</td></tr>
<tr><td>含泥量，按质量计（%）</td><td>≤1.0</td><td>≤2.0</td></tr>
<tr><td>泥块含量，按质量计（%）</td><td>≤0.5</td><td>≤0.7</td></tr>
<tr><td>硫化物和硫酸盐含量，按质量计（折算为 SO_2）（%）</td><td colspan="2">≤1.0</td></tr>
<tr><td>卵石中有机质含量（用比色法试验）</td><td colspan="2">颜色不应深于标准色。如深于标准色，则应配制成混凝土进行强度对比试验，抗压强度比不应低于 0.95</td></tr>
</table>

4.水

拌制混凝土宜使用饮用水；当使用其他水源时，水质应符合国家现行标准的有关规定。

5.矿物掺和料

矿物掺和料在混凝土中可以替代部分水泥，起到改善混凝土性能的作用，某些矿物掺和料还能起到抑制碱-骨料反应的作用。常用的掺和料有粉煤灰、磨细矿渣、沸石粉、硅粉等，但这些掺和料的使用数量和性能应通过试验确定。

6.外加剂

外加剂的种类繁多，按其主要功能可归纳为四类：一是改善混凝土流变性能的外加剂，如减水剂、引气剂和泵送剂等；二是调节混凝土凝结、硬化时间的外加剂，如早强剂、速凝剂、缓凝剂等；三是改善混凝土耐久性能的外加剂，如引气剂、防冻剂和阻锈剂等；四是改善混凝土其他性能的外加剂，如膨胀剂。

（1）减水剂

减水剂是一种表面活性材料，加入混凝土中能对水泥颗粒起扩散作用，把水泥凝块中所包含的游离水释放出来，使水泥充分水化，从而减少拌和用水量，降低水灰比，提高混凝土强度，减少水泥用量，改善其和易性。减水剂适用于各种现浇混凝土，但多用于大体积混凝土和泵送混凝土工程。

（2）引气剂

引气剂能在混凝土搅拌过程中产生大量封闭的微小气泡，增加水泥浆体积，减小砂石之间的摩擦力，切断与外界相通的毛细孔道，因而可改善混凝土的和易性，并能显著提高其抗渗性、抗冻性和抗化学侵蚀能力。但混凝土的强度一般会随着含气量的增加而下降，因此使用时应严格控制引气剂掺量。

（3）泵送剂

泵送剂是为了提高混凝土的流动性而使用的掺和料，它能使混凝土在60～180 min内保持流动性，从而使拌和物顺利地通过泵送管道而不阻塞、不离析，且黏塑性良好。泵送剂适用于各种泵送混凝土。

（4）早强剂

早强剂可加速混凝土的硬化过程，提高混凝土的早期强度，对加速模板周转、加快工程进度有显著效果。

（5）速凝剂

速凝剂能使混凝土或砂浆迅速凝结硬化，它可使水泥在 5 min 内初凝，在 10 min 内终凝，同时，混凝土的抗渗性、抗冻性和黏结力也有所提高，但 7 d 以后的强度要比不掺速凝剂的混凝土低。速凝剂常用于快速施工、堵漏、喷射混凝土等。

（6）缓凝剂

缓凝剂是延长混凝土从塑性状态转化到固性状态所需的时间，并对其后期强度的发展无明显影响的外加剂，它广泛应用于油井工程、大体积混凝土和气候炎热地区的混凝土工程及长距离运输的混凝土。缓凝剂具有缓凝、延长水化热放热时间等作用，多与减水剂配合使用。

（7）防冻剂

防冻剂能降低混凝土的冰点，使混凝土在一定负温度范围内保持水分不冻结，并促使混凝土凝结硬化，在一定时间内获得预期的强度。防冻剂适用于负温条件下的混凝土施工。

（8）阻锈剂

阻锈剂能抑制或减轻混凝土中钢筋或其他预埋金属的锈蚀，适用于以氯离子为主的腐蚀性环境，如位于海洋、盐碱地、盐湖地区的钢筋混凝土结构。

（9）膨胀剂

膨胀剂能使混凝土在硬化过程中产生一定程度的体积膨胀，其作用主要是补偿或收缩混凝土。膨胀剂多用于地下或水中的构筑物、大体积混凝土、屋面浴厕间的防水渗漏修补等，也可用于设备底座灌浆、构件补强和加固等。

（二）混凝土配合比

混凝土的设计配合比是在实验室内根据完全干燥的砂、石材料确定的，但施工中使用的砂、石材料都含有一些水分，而且含水率随气候的改变而发生变化。所以，在现场拌制混凝土前应测定砂、石材料的实际含水率，并根据测试结果将设计配合比换算为施工配合比。

若混凝土的设计配合比为水泥：砂：石：水=1：S：G：W，而现场实测砂的含水率为W_s，石的含水率为W_g，则换算后的施工配合比为1：$S(1+W_s)$：$G(1+W_g)$：$(W-S\cdot W_s-G\cdot W_g)$

在实际施工中，也常采用体积比的形式进行混凝土配料，其设计配合比换算为施工配合比时，需要考虑材料的比重。但对于一般性的非承载混凝土工程结构，也可参照有关经验参数进行混凝土配合比的确定。

二、混凝土的搅拌

（一）搅拌机的选择

混凝土搅拌机按其搅拌原理可分为自落式搅拌机和强制式搅拌机两种。自落式搅拌机主要是利用材料的重力机制进行工作，适用于搅拌塑性混凝土和低流动性混凝土。强制式搅拌机主要是利用剪切机制进行混凝土的搅拌，适用于搅拌干硬性混凝土和轻骨料混凝土。

混凝土搅拌机一般根据出料容积确定其规格，常用的有 250 L、350 L、500 L 等型号。选择搅拌机的型号时，可根据工程量大小、混凝土的坍落度要求和骨料尺寸等因素确定，既要满足技术上的要求，又要考虑经济效益。

（二）搅拌规定

为了获得均匀、优质的混凝土拌和物，除了合理选择搅拌机的型号，还必须按照规定进行搅拌，包括搅拌机的转速、搅拌时间、装料容积及投料顺序等。

1.搅拌时间

从原材料全部投入搅拌筒内起，至混凝土拌和物卸出所经历的全部时间称为搅拌时间，它是影响混凝土质量及搅拌机生产率的重要因素之一。若搅拌时间过短，混凝土拌和不均匀，其强度将降低；但若搅拌时间过长，则不仅降低了生产效率，还会使混凝土的和易性降低或产生分层离析现象。搅拌时间的确定与搅拌机型号、骨料的粒径、混凝土的和易性等有关。

2.装料容积

搅拌机的装料容积指搅拌一罐混凝土所需各种原材料松散体积的总和。为了保证混凝土得到充分拌和，装料容积通常为搅拌机几何容积的1/3～1/2。一次搅拌好的混凝土拌和物体积称为出料容积，约为装料容积的 0.5～0.75（又称出料系数）。搅拌机不宜超载，若超过装料容积的10%，就会影响混凝土拌和物的均匀性；反之，装料过少又不能充分体现搅拌机的功能，也会影响生产效率。

3.投料顺序

在确定混凝土各种原材料的投料顺序时，应考虑如何保证混凝土的搅拌质量，减少混凝土的黏罐现象和机械磨损，降低能耗，提高生产效率。目前，常用的有一次投料法和二次投料法。

（1）一次投料法

一次投料法是将砂、石、水泥依次投入料斗后，再向搅拌筒内加水进行搅拌，这种方法工艺简单、操作方便。例如，采用自落式搅拌机的投料顺序是先倒石子，再加水泥，最后加砂。材料由料斗进入搅拌筒内的顺序则与之相反。这种投料顺序的优点是水泥位于砂、石之间，进入搅拌筒时可减少水泥飞扬现象。同时，砂和水泥先进入搅拌筒形成砂浆，可缩短包裹石子的时间，提高搅拌质量。

（2）二次投料法

二次投料法又可分为预拌水泥砂浆法和预拌水泥净浆法。预拌水泥砂浆法是先将水泥、砂和水投入搅拌筒搅拌 1～1.5 min 后，再加入石子搅拌 1～1.5 min。预拌水泥净浆法是先将水和水泥投入搅拌筒搅拌 1～1.5 min 后，再加入砂、石搅拌到规定时间。由于预拌水泥砂浆或水泥净浆对水泥有一种活化作用，因此搅拌质量明显比一次投料法好。

三、混凝土运输

（一）混凝土运输的要求

混凝土自搅拌机卸出后，应及时运至浇筑地点。为了保证混凝土工程的质量，对混凝土运输的基本要求如下。

①混凝土在运输过程中要能保持良好的均匀性，不分层、不离析、不漏浆。

②保证混凝土浇筑时具有规定的坍落度。

③保证混凝土初凝前有充分的时间进行浇筑并捣实完毕。

④保证混凝土浇筑工作能连续进行。

⑤在转送混凝土时，应注意使拌和物能直接对正倒入装料运输工具的中心部位，以免骨料离析。

（二）混凝土的运输工具

混凝土运输分为地面水平运输、垂直运输和高空水平运输三种方式。

地面水平运输常用的工具有双轮手推车、机动翻斗车、混凝土搅拌运输车和自卸汽车。当混凝土需求量较大、运输距离较远或使用商品混凝土时，多采用混凝土搅拌运输车和自卸汽车。

混凝土的垂直运输多采用塔式起重机、井架运输机或混凝土泵等。用塔式起重机时一般配有料斗。

混凝土高空水平运输：如垂直运输采用塔式起重机，可将料斗中的混凝土直接卸到浇筑点；如采用井架运输机，则以双轮手推车为主；如采用混凝土泵，则用布料机进行布料。高空水平运输时应采取措施保证模板和钢筋不变位。

（三）混凝土输送泵

混凝土输送泵是一种机械化程度较高的混凝土运输和浇筑设备，它以泵为动力，将混凝土沿管道输送到浇筑地点，可一次完成地面水平、垂直和高空水平运输。混凝土输送泵具有输送能力强、效率高、作业连续、节省人力等优点，目前已广泛应用于建筑、桥梁、地下等工程中。该套设备包括混凝土泵、输送管和布料装置。

采用泵送的混凝土必须具有良好的和易性。为缩小混凝土与输送管内壁的摩擦阻力，对粗骨料最大粒径与输送管径之比的要求是当泵送高度在 50 m 以内时，碎石与输送管径之比为 1∶3，卵石为 1∶2.5；当泵送高度在 50～100 m 时，碎石与输送管径之比为 1∶4，卵石为 1∶3；当泵送高度在 100 m 以上时，碎石与输送管径之比为 1∶5，卵石为 1∶4。砂宜采用中砂，通过 0.315 mm 筛孔的砂粒不少于 15%，砂率宜为 35%～45%。为避免混凝土产生离析现象，水泥用量不宜过少，且应掺入矿物掺和料（通常为粉煤灰），水泥和掺和料的总量不宜小于 300 kg/m^3，混凝土坍落度宜为 10～18 cm。为提高混凝土的流动性，混凝土内宜掺入适量外加剂，主要有泵送剂、减水剂和引气剂等。

在泵送混凝土施工中，应注意以下问题。

①应使混凝土供应、输送和浇筑的效率协调一致，保证泵送工作连续进行，以防止输送管道阻塞。

②输送管道的布置应尽量直，转弯宜少且缓，管道的接头应严密。

③在泵送混凝土前，应先用适量的与混凝土成分相同的水泥砂浆润湿输送管内壁。

④泵的受料斗内应经常有足够的混凝土，防止吸入空气引起阻塞。

⑤预计泵送的间歇时间超过初凝时间或混凝土出现离析现象时，应立即用压力水冲洗管内残留的混凝土。

⑥输送混凝土时，应先输送至较远处，以便随混凝土浇筑工作的逐步完成，逐步拆除管道。

⑦泵送完毕，应将混凝土泵和输送管清洗干净。

四、混凝土浇筑

（一）混凝土浇筑前的准备工作

①检查模板的位置、标高、尺寸、强度、刚度等各方面是否满足要求，模板接缝是否严密。

②检查钢筋及预埋件的品种、规格、数量、摆放位置、保护层厚度等是否满足要求，并做好隐蔽工程质量验收记录。

③模板内的杂物应清理干净，木模板应浇水润湿，但不允许留有积水。

④将材料供应、机具安装、道路平整、劳动组织等工作安排就绪，并做好安全技术交底。

（二）混凝土浇筑的技术要求

1.混凝土浇筑的一般要求

混凝土拌和物运至浇筑地点后，应立即浇筑入模，如发现拌和物的坍落度有较大变化或有离析现象时，应及时处理。

混凝土应在初凝前浇筑完毕，如已有初凝现象，则需进行一次强力搅拌，使其恢复流动性后方可浇筑。

为防止混凝土浇筑时产生分层离析现象，混凝土的自由倾倒高度一般不宜超过 2 m，在竖向结构（如墙、柱）中，混凝土的倾落高度不得超过 3 m，否则应采用串筒、斜槽、溜管或振动溜管等辅助设施下料。串筒布置应与浇筑面积、浇筑速度和摊铺混凝土的能力相适应，间距一般应不大于 3 m，其布置形式可分为行列式和交错式两种，以交错式居多。串筒下料后，应用振动器迅速摊平并捣实。

浇筑竖向结构（如墙、柱）的混凝土之前，底部应先浇入 50～100 mm 厚的、与混凝土成分相同的水泥砂浆，以避免构件底部因砂浆含量较少而出现蜂窝、麻面、露石等质量缺陷。

混凝土在浇筑及静置过程中，应采取措施防止裂缝的产生；混凝土因沉降及干缩产生的非结构性的表面裂缝，应在终凝前予以修整。

2.浇筑间歇时间

为保证混凝土的整体性，浇筑工作应连续进行。如必须间歇，其间歇时间应尽可能缩短，并应在前层混凝土初凝之前，将次层混凝土浇筑完毕。混凝土运输、浇筑及间歇的全部时间不应超过混凝土的初凝时间，可根据所用水泥品种及混凝土条件确定。

3.混凝土施工缝的留设

若由于技术或施工组织上的原因，不能连续将混凝土结构整体浇筑完成，且间歇时间超过了混凝土的初凝时间，则应在适当部位预留施工缝。施工缝是指继续浇筑的混凝土与已经凝结胶化的先浇混凝土之间的新旧结合面，它是结构的薄弱部位。

施工缝的位置应在混凝土浇筑之前预先确定，设置在结构受剪力较小且便于施工的部位，其留设位置应符合以下规定。

①柱子的施工缝留置在基础的顶面、梁或吊车梁牛腿的下面、吊车梁的上面、无梁楼板柱帽的下面，如图 3-11 所示。

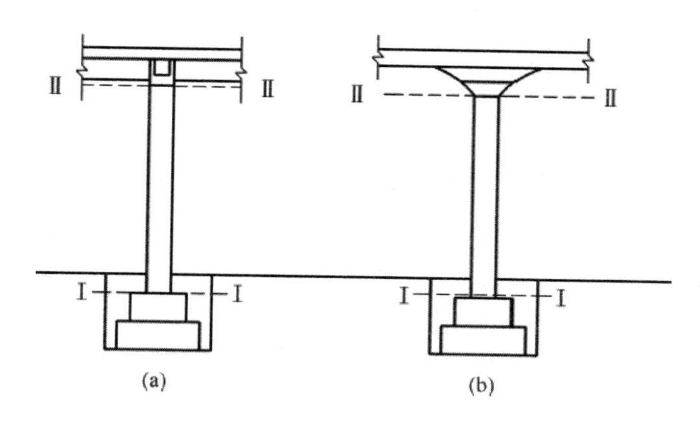

（a）梁板式结构；（b）无梁楼盖结构

图 3-11　浇筑柱的施工缝位置

②与板连成整体的大截面梁，施工缝一般留设在板底面以下 20～30 mm 处；当板下有梁托时，留置在梁托下部，如图 3-12 所示。

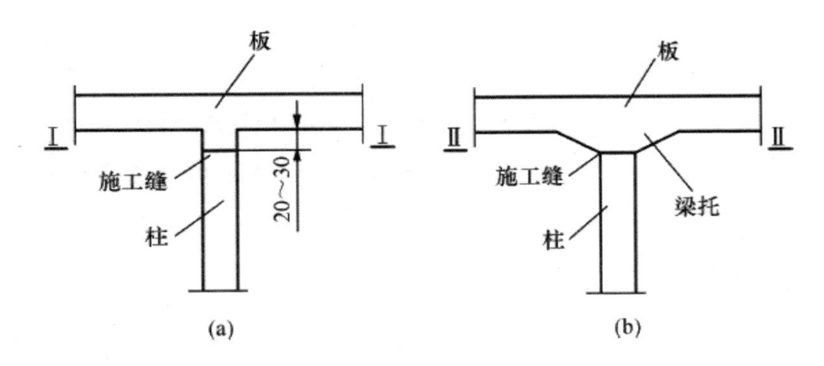

（a）无梁托的整体梁板；（b）有梁托的整体梁板

图 3-12　浇筑与板连成整体的梁的施工缝位置（单位 mm）

③单向板的施工缝可留设在平行于板的短边的任何位置，如图 3-13 所示。

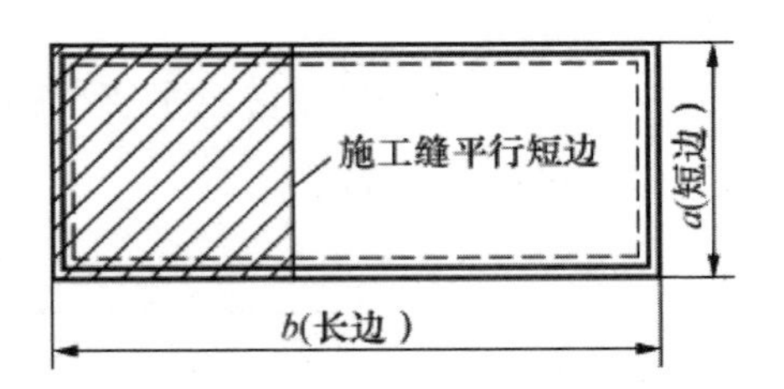

图 3-13　单向板施工缝的留设位置

④有主次梁的楼板，应顺着次梁方向浇注，施工缝应留设在次梁跨度中间 1/3 范围内；若沿主梁方向浇筑，施工缝应留设在主梁跨度中间的 2/4 与板跨度中间的 2/4 相重合的范围内。

⑤墙体的施工缝留置在门洞口过梁跨中 1/3 范围内，也可留置在纵横墙交接处。

⑥双向受力的板、大体积混凝土结构、拱、穹拱、薄壳、蓄水池、斗仓、多层钢架及其他结构复杂的工程，施工缝应按设计要求留设。

在施工缝处继续浇筑混凝土时，须待已浇筑的混凝土抗压强度达到 1.2 N/mm^2 后才能进行，而且必须对施工缝进行必要的处理，以增强新旧混凝土的连接性，尽量降低施工缝对结构整体性带来的不利影响。常用的处理方法是：应在已硬化的混凝土表面清除水泥薄膜、松动石子及软弱混凝土层，再将混凝土表面凿毛，并用水冲洗干净、充分润湿，但不得留有积水；然后在施工缝处抹一层 10～15 mm 厚、与混凝土成分相同的水泥砂浆；继续浇筑混凝土时，须仔细振捣密实，使新旧混凝土结合紧密。

五、混凝土振捣

混凝土入模板后，由于骨料间的摩擦力和水泥浆的黏滞力，不能自行填充密实且有一定体积的空洞和气泡，不能达到设计和规范所要求的密实度，这会影响混凝土的强度和耐久性。因此，混凝土入模板后必须进行振捣，使其密实成型，以保证混凝土构件的外形、强度和其他性能符合设计及使用要求。

目前，混凝土振捣多采用机械振动成型的方法。常用的混凝土振动机械按其工作方式可分为内部振动器、表面振动器、外部振动器和振动台，如图 3-14 所示。

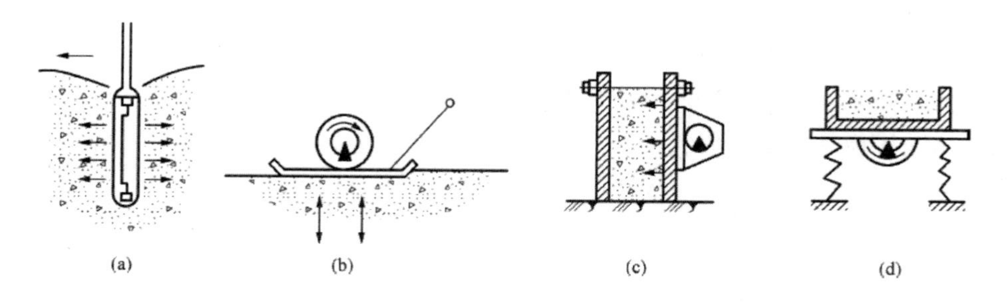

（a）内部振动器；（b）表面振动器；（c）外部振动器；（d）振动台

图 3-14　混凝土振捣器

（一）内部振动器

内部振动器又称插入式振动器，常用的有电动软轴内部振动器和直联式内部振动器（图 3-15）。电动软轴振动器由电动机、软轴、振动棒等组成，其振捣效果好，构造简单，维修方便，使用寿命长，在施工中应用较为广泛。

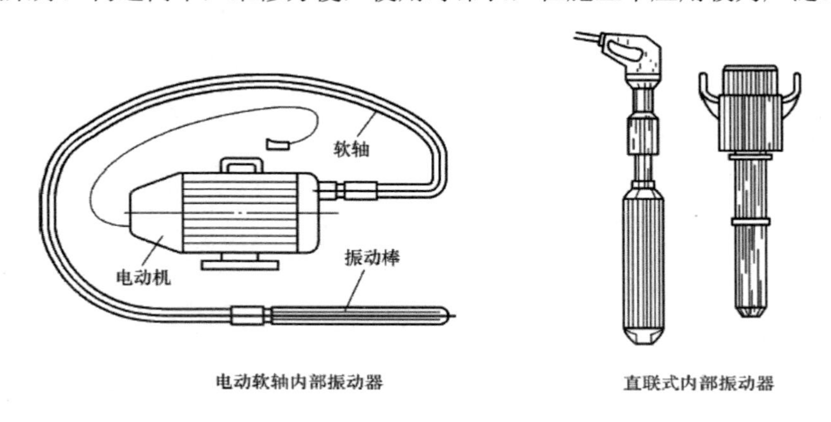

图 3-15　内部振动器

插入式振动器常用于振捣基础、柱、梁、墙及大体积结构混凝土。使用时应垂直插入，并插入到下层尚未初凝的混凝土中 50～100 mm，以使上、下层混凝土相互结合。操作时，要做到快插慢拔。如果插入速度慢，会先将表面混凝土振实，与下部混凝土分层离析。如果拔出速度过快，则由于混凝土来不及填补而在振动器抽出的位置形成空洞。振动器的插点要均匀排列，排列方式有行列式和交错式两种。插点间距不应大于 $1.5R$（R 为振动器的作用半径）。振动器与模板的距离不应大于 $0.7R$，在振动中应避免碰振钢筋、模板、吊环及预埋件。每一插点的振动时间为 20～30 s，用高频振动器时也不应小于 10 s。若振动时间过短，则不利于振实；若振动时间过长，则会使混凝土分层离析。一般振捣至混凝土表面呈现浮浆，不再显著下沉为止。

（二）表面振动器

表面振动器又称平板振动器，它由带偏心块的电动机和平板组成，使用时要将振动器固定在一块底板上。表面振动器适用于振动平面面积较大、表面平整而厚度较小的构件，如楼板、地面、路面和薄壳等混凝土构件。使用平板振动器时，应将混凝土浇筑区划分成若干排，依次安排，平拉慢移，移动间距应使平板覆盖已振完的混凝土边缘的 30～50 mm，以防漏振。最好振动两遍，且方向相互垂直。第一遍主要是使混凝土密实，第二遍是使其表面平整。振捣倾斜面时，应从低处逐渐向高处移动，以保证混凝土振实。平板振动器在每一位置上的振动时间为 20～40 s，直至混凝土停止下沉、表面平整并均匀出现浮浆为止。平板振动器的有效作用深度对于无筋及单层配筋板约为 200 mm，在双层配筋的混凝土中约为 120 mm。

（三）外部振动器

外部振动器又称附着式振动器，它适用于振实钢筋较密、厚度在 300 mm 以下的柱、梁、板、墙及不宜使用插入式振动器的结构。附着式振动器可通过模板将振动间接地传递给混凝土，其振动深度约为 250 mm，如结构较厚，则在构件两侧安设振动器，同时进行振捣。

（四）振动台

振动台主要由电动机、同步器、振动平台固定框架、支承弹簧、偏心转子等组成。振动台的型号与台面尺寸的种类多样，施工方要根据实际情况，选择合适的振动台。

六、混凝土养护

混凝土的凝结硬化主要是水泥水化作用的结果，而水化作用需要适当的湿度和温度，因此混凝土浇筑后，如气候炎热、空气干燥、湿度过小，混凝土会因为水分蒸发过快而出现脱水现象，使已形成凝胶体的水泥颗粒不能充分水化，不能转化为稳定的结晶，缺乏足够的黏结力，从而会在混凝土表面出现片状或粉状剥落，影响混凝土的强度。同时，水分过早蒸发还会使混凝土产生较大的收缩变形，出现干缩裂缝，影响混凝土的整体性和耐久性。若温度过低，混凝土强度增加缓慢，则会影响混凝土结构和构件尽快投入使用。

所谓混凝土的养护，就是为混凝土硬化提供必要的温度和湿度条件，以保证其在规定的龄期内达到设计要求的强度，并防止产生收缩裂缝。目前，混凝土养护的方法有自然养护、蒸汽养护、热拌混凝土热模养护、太阳能养护、远红外线养护等。自然养护成本低，简单易行，但养护时间长、模板周转率低、占用场地大；而蒸汽养护时间可缩短到十几个小时，热拌混凝土热模养护时间可缩短到5～6 h，模板周转率相应提高，占用场地大大减少。下面着重介绍自然养护和蒸汽养护。

（一）自然养护

混凝土的自然养护，即指在平均气温高于 5 ℃的自然条件下，于一定时间内使混凝土保持湿润状态。自然养护可分为覆盖浇水养护和塑料薄膜养护两种。

覆盖浇水养护是用吸水和保湿能力较强的材料，如草帘、麻袋、锯末等，将混凝土裸露的表面覆盖，并经常洒水使其保持湿润。

塑料薄膜养护是用塑料薄膜将混凝土表面严密地覆盖起来，使之与空气隔绝，防止混凝土内部水分的蒸发，从而达到养护的目的。这种养护方法用于不易洒水养护的高耸构筑物、大面积混凝土结构及缺水地区。

对于一些地下结构或基础，可在其表面涂刷沥青乳液或用湿土回填，以代替洒水养护。对于表面积大的构件（如地坪、楼板、屋面、路面等），也可用湿土、湿砂覆盖，或沿构件周边用黏土等围住，在构件中间蓄水进行养护。

混凝土的自然养护应符合下列规定。

①应在浇筑完毕后的 12 h 内对混凝土加以覆盖并保湿养护。

②混凝土浇水养护的时间：对采用普通硅酸盐水泥或矿渣硅酸盐水泥拌制的混凝土，不得少于 7 d；对掺用缓凝型外加剂或有抗渗性要求的混凝土，不得少于 14 d。

③浇水次数应能保持混凝土处于湿润状态；当日平均气温低于 5 ℃时，不得浇水；混凝土养护用水应与拌制用水相同。

④在混凝土强度达到 1.2 MPa 以前，不得在其上踩踏或安装模板及支架。

（二）蒸汽养护

蒸汽养护是将混凝土构件放在充满饱和蒸汽，或蒸汽与空气混合的养护室内，在较高的温度和湿度环境中进行养护，以加速混凝土的硬化，使其在短时间内达到规定的强度。蒸汽养护的过程可分为静停阶段、升温阶段、恒温阶段和降温阶段。

1.静停阶段

混凝土构件成形后在室温下停放养护一段时间，以增强混凝土对升温阶段结构破坏作用的抵抗力。用普通硅酸盐水泥制作的构件，静停时间一般为 2～6 h，用火山灰质硅酸盐水泥或矿渣硅酸盐水泥制作的构件，则无须静停。

2.升温阶段

即构件的吸热阶段。升温速度不宜过快，以免构件表面和内部产生过大温差而出现裂缝。对薄壁构件（如多肋楼板、多孔楼板等）来说，升温速度不得超过 25 ℃/h，其他构件不得超过 20 ℃/h，用干硬性混凝土制作的构件不得超过 40 ℃/h。

3.恒温阶段

即升温后温度保持不变的阶段。此阶段混凝土强度增长最快，应保持90%～100%的相对湿度。普通水泥混凝土恒温阶段的温度不得超过 80 ℃，矿渣水泥、火山灰水泥则可以提高到85℃～90℃。恒温时间一般为5～8 h。

4.降温阶段

即构件的散热阶段。降温速度不宜过快，否则混凝土表面会产生裂缝。一般情况下，构件厚度在 10 cm 左右时，降温速度不超过 20～30 ℃/h。此外，出室构件的温度与室外温度之差不得大于 40 ℃；当室外为负温时，不得大于 20 ℃。

七、混凝土缺陷的技术处理

在对混凝土结构进行外观质量检查时，若发现缺陷，应分析原因，并采取相应的技术处理措施。常见缺陷的原因及处理方法有以下几种。

（一）数量不多的小蜂窝、麻面

产生原因：模板接缝处漏浆；模板表面未清理干净，或钢模板未满涂隔离剂，或木模板湿润度不够；振捣不够密实。

处理方法：先用钢丝刷或压力水清洗表面，再用 1∶2～1∶2.5 的水泥砂浆填满、抹平并加强养护。

（二）蜂窝或露筋

产生原因：混凝土配合比不准确，浆少石多；混凝土搅拌不均匀，或和易性较差；配筋过密，石子粒径过大使砂浆不能充满钢筋周围；振捣不够密实。

处理方法：先去掉薄弱的混凝土和突出的骨料颗粒，然后用钢丝刷或压力水清洗表面，再用比原混凝土强度等级高一级的细石混凝土填满，仔细捣实，并加强养护。

（三）大蜂窝和孔洞

产生原因：混凝土产生离析，石子成堆；混凝土漏振。

处理方法：在彻底剔除松软的混凝土和突出的骨料颗粒后，用压力水清洗干净并保持湿润状态 72 h，然后用水泥砂浆或水泥浆涂抹结合面，再用比原混凝土强度等级高一级的细石混凝土浇筑、振捣密实，并加强养护。

（四）裂缝

构件产生裂缝的原因比较复杂，如养护不好，表面失水过多；冬期施工中，拆除保温材料时温差过大而引起温度裂缝，或夏季烈日暴晒后突然降雨而引起温度裂缝；模板及支撑不牢固，产生变形或局部沉降；拆模不当，或拆模过早使构件受力过早；大面积现浇混凝土的收缩和温度应力过大等。

处理方法应根据具体情况确定：对于数量不多的表面细小裂缝，可先用水将裂缝冲洗干净，再用水泥浆抹补；如裂缝较大、较深（宽度超过 1 mm），应沿裂缝凿成凹槽，用水冲洗干净，再用 1∶2～1∶2.5 的水泥砂浆或用环氧树脂胶泥抹补；对于会影响结构整体性和承载能力的裂缝，应采用化学灌浆或压力水泥灌浆的方法补救。

八、混凝土的冬期施工

当室外日平均气温连续 5 d 稳定低于 5 ℃时，即进入冬期施工；当室外日平均气温连续 5 d 高于 5 ℃时，则解除冬期施工。在冬期施工期间，混凝土工程应采取相应的冬期施工措施。

（一）混凝土材料的选择及要求

配制冬期施工的混凝土，应优先选用硅酸盐水泥和普通硅酸盐水泥。水泥强度等级不应低于 42.5 级，最小水泥用量不应少于 300 kg/m³，水灰比不应大于 0.6。使用矿渣硅酸盐水泥时，宜采用蒸汽养护。

拌制混凝土所采用的骨料应清洁，不得含有冰、雪、冻块及其他易冻裂物质。在掺用含有钾、钠离子的防冻剂混凝土中，不得使用活性骨料或在骨料中混有这类物质的材料。

采用非加热养护法施工所选用的外加剂，宜优先选用含引气剂成分的外加剂，含气量宜控制在 2%～4%。在钢筋混凝土中掺用氯盐类防冻剂时，氯盐掺入量不得大于水泥重量的 1%（按无水状态计算）。掺用氯盐的混凝土应振捣密实，且不宜采用蒸汽养护。掺用防冻剂、引气剂或引气减水剂的混凝土施工，应符合现行国家标准的有关规定。

（二）混凝土材料的加热

冬期施工中要保证混凝土结构在受冻前达到临界强度，就需要混凝土早期具有较高的温度，以满足强度较快增长的需要。温度升高所需要的热量，一部分来源于水泥的水化热，另外一部分则只有采用加热材料才能获得。

由于较高的温度会使水泥颗粒表面迅速水化，结成外壳，阻止内部继续水化，形成“假凝”现象，而影响混凝土强度的增长，所以要对原材料的最高加热温度进行限制，具体如表 3-4 所示。

表 3-4　拌和水及骨料加热最高温度

单位：℃

项目	拌和水	骨料
强度等级小于 52.5 级的普通硅酸盐水泥、矿渣硅酸盐水泥	80	60
强度等级等于或大于 52.5 级的硅酸盐水泥、普通硅酸盐水泥	60	40

若水、骨料达到规定温度仍不能满足要求时，水可加热到 100 ℃，但水泥不得与 80 ℃以上的水直接接触。

在冬期施工中，混凝土拌和物所需要的温度应根据当时的外界气温和混凝土入模温度等因素确定，再通过热工计算来确定原材料所需要的加热温度。

（三）混凝土的浇筑

在浇筑混凝土前，应消除模板和钢筋上的冰雪和污垢。冬期不得在强冻胀性地基上浇筑混凝土；在弱冻胀的地基上浇筑混凝土时，基土不得遭冻。在非冻胀性地基上浇筑混凝土时，混凝土在受冻前的抗压强度不得低于临界强度。

分层浇筑大体积混凝土时，为防止上层混凝土的热量被下层混凝土过多吸收，分层浇筑的时间间隔不宜过长。已浇筑层的混凝土温度在未被上一层混凝土覆盖前，不应低于热工计算的温度且不应低于 2 ℃。采用加热养护时，养护前的温度也不得低于 2 ℃。

第四章　装饰装修工程

装饰工程是房屋建造施工的最后一个施工过程。装饰工程施工具有工程量大、施工工期长、耗用劳动量多、造价高等特点。

第一节　抹灰工程

抹灰工程是用砂浆涂抹在房屋建筑的墙、顶棚等表面的一种装修工程。我国有些地区习惯性地称之为“粉饰”或“粉刷”。抹灰工程根据面层不同可以分为一般抹灰施工和装饰抹灰施工两种。抹灰面层适用于外墙面、内墙面、天棚及地面饰面。

一、一般抹灰工程

一般抹灰适用于石灰砂浆、水泥混合砂浆、水泥砂浆、聚合物水泥砂浆、膨胀珍珠岩水泥砂浆，以及麻刀石灰、纸筋石灰、石膏灰等抹灰工程施工。

（一）一般抹灰工程的分类及组成

1.一般抹灰工程的分类

按质量等级及主要工序，一般抹灰可分为普通抹灰、中级抹灰和高级抹灰三级，其做法、主要工序和适用范围如下。

（1）普通抹灰

做法是一底层、一面层，两遍成活（或者连续两次涂抹，一遍成活）。主要工序是分层赶平、修理和表面压光。其外观质量要求表面光滑、洁净、接槎平整。适用于简易宿舍、仓库及高标准建筑物中的附属工程等。

（2）中级抹灰

做法是一底层、一中层、一面层，三遍成活。主要工序是阳角找方。设置标筋，分层赶平、修整和表面压光。抹灰表面光滑、洁净，接槎平整，线角顺直、清晰（毛面纹路均匀）。适用于住宅、办公楼、学校、旅馆以及高标准建筑物中的附属工程等。

（3）高级抹灰

做法是一底层，数层中层，一面层，多遍成活。主要工序是阴阳角找方，设置标筋，分层赶平、修整，表面压光。抹灰表面光滑、洁净，颜色均匀，无抹纹，线角和灰线平直方正，清晰美观。适用于公共性建筑物、纪念性建筑物，如剧场、宾馆、展览馆、有特殊要求的办公楼以及外事房屋建筑等。

2.一般抹灰工程的组成

为了保证抹灰质量，做到表面平整、避免裂缝，一般抹灰工程施工是分层进行的，即分为底层、中层和面层。

（1）底层

底层主要起与基层黏结的作用，使用的材料与施工操作对抹灰质量影响很大，故应根据不同的基层选择不同的材料。基层为砌体时，由于黏土砖、砌块与砂浆的黏结力较好，又有灰缝存在，一般用石灰砂浆打底，但有防水、防潮要求时，应用水泥砂浆打底；基层为混凝土时（如混凝土墙面、预制混凝土楼板等），为了保证黏结牢固，一般用混合砂浆或水泥砂浆打底；基层为木板条、苇箔、钢丝网时，由于这些材料与砂浆的黏结力较低，特别是木板条容易吸水膨胀，干燥后收缩，抹灰容易脱落，因此底层砂浆中应接入适量的麻刀，并在操作时将砂浆挤入基层缝隙内，使之结合牢固。

（2）中层

中层主要起找平作用，根据施工要求，可以一次抹成，亦可分层操作，所用材料基本上与底层相同。

（3）面层

面层主要起装饰作用，室内的墙和顶棚一般采用纸筋石灰、麻刀石灰和石膏浆罩面；室外常用的有水泥砂浆、水泥混合砂浆、聚合物水泥砂浆等。

各抹灰层厚度根据基层材料、砂浆种类、墙面平整度、抹灰质量要求以及气候、温度条件而定。每遍抹面厚度应符合表 4-1 的规定。抹灰层平均总厚度应根据基层材料和抹灰部位而定，均不得大于表 4-2 所规定的数值。

表 4-1　抹灰层每遍厚度

使用砂浆品种	每遍厚度（mm）
水泥砂浆	5～7
石灰砂浆和水泥混合砂浆	7～9
麻刀石灰	≤3
纸筋灰和石膏灰	≤2
装饰抹灰用的砂浆	应符合设计要求

表 4-2　抹灰层的总厚度

部位	基层材料及等级标准	抹灰层平均总厚度（mm）
顶棚	板条、现浇混凝土、空心砖	15
	预制混凝土	18
	金属网	20
内墙	普通抹灰	18
	中级抹灰	20
	高级抹灰	25
外墙		20
勒脚及突出墙面部分		25
石墙		35

（二）材料质量要求

为了保证抹灰工程质量，应对抹灰材料的品种、质量有严格要求。

石灰膏应用块状生石灰淋制，淋制时必须用孔径不大于 3 mm×3 mm 的筛过滤，并贮存在沉淀池中。熟化时间，常温下一般不少于 15 d；用于罩面时，不应少于 30 d。使用时，石灰膏内不得含有未熟化的颗粒和其他杂质。在沉淀池中的石灰膏应加以保护，防止其干燥、冻结和污染。抹灰用的石灰膏可用磨细生石灰粉代替，其细度应通过 4 900 孔/cm^2 筛。

抹灰用的砂子应过筛，不得含有杂物。装饰抹灰用的集料（石粒、砾石等），应耐光、坚硬，使用前必须冲洗干净。

抹灰用的纸筋应浸透、捣烂、洁净；罩面纸筋宜机碾磨细，稻草、麦秸、麻刀应坚韧、干燥，不含杂质，其长度不得大于 30 mm。稻草、麦秸应经石灰浆浸泡处理。

掺入装饰砂浆使用的颜料，应用耐碱、耐光的颜料。

（三）一般抹灰工程的施工

1.抹灰前的基层处理

抹灰前必须对基层进行处理，具体要求如下。

①木结构与砖石结构、混凝土结构等不同基层材料相接处表面的抹灰，应先铺金属网，并绷紧牢固。金属网与各基体的搭接宽度不应小于 100 mm，以防抹灰层因基层温度变化胀缩不一而产生裂缝。

②抹灰前，砖石、混凝土等基体表面的灰尘、污垢和油渍等，应清除干净，并洒水润湿。

③混凝土表面的抹灰。手工涂抹时，宜先凿毛刮水泥浆（水灰比为 0.37～0.4），洒水泥砂浆或用界面处理剂处理。平整光滑的混凝土表面，如设计无要求时，可不抹灰，通过刮腻子对其进行处理。

④抹灰前，应检查钢、木门窗位置是否正确，与墙体连接是否牢固。接缝

处的缝隙应用水泥砂浆或水泥混合砂浆（加少量麻刀）分层嵌塞密实。

⑤室内墙面、柱面和门洞口的阳角，宜用 1∶2 水泥砂浆做护角，其高度不应低于 2 m，每侧宽度不应小于 50 mm。

⑥外墙抹灰工程施工前，应安装好钢木门窗框、阳台栏杆和预埋件等，并将墙上的施工孔洞堵塞密实。

2.墙面抹灰施工

抹灰前必须找好规矩，即四角规方、横线找平、立线吊直、弹出准线和墙裙、踢脚板线。

对中级和普通抹灰，先检查墙面平整和垂直的程度，大致决定抹灰厚度，再在墙的上角各做一个标准灰饼，灰饼大小为 50 mm×50 mm，厚度由达到墙面平整垂直所需尺寸确定。然后以做好的灰饼面为标准，用线锤吊线做墙两下角的标准灰饼（高低位置一般在踢脚线上口），厚度以垂直为准，再用钉子钉在左右灰饼附近的墙缝里，拴上小线挂好通线，并根据小锤位置每隔 1.2～1.5 m 上下加做若干标准灰饼，待灰饼稍干后，在上下灰饼之间用砂浆做宽约 100 mm 的冲筋，并用木杠将冲筋厚度刮成与标准灰饼相同，同时用刮尺将其两边修成斜面，以便与抹灰层接槎。再待冲筋稍干后即可进行底层抹灰。

对于高级抹灰，除有中级抹灰要求的工序外，还要求将房间规方，小房间可以一面墙做基线，用方尺规方即可，如房间面积较大，要在地面上先弹出十字线，以作为墙角抹灰准线，在离墙角约 100 mm 处，用线锤吊直，在墙上弹一立线，再按房间规方地线（十字线）及墙面平整程度向里反线，弹出墙角抹灰准线，并在准线上下两端排好通线后做标准灰饼和冲筋。

外墙抹灰找规矩时，要先在大角挂好垂直通线，用目测法决定其大致的抹灰厚度，每步架的大角两侧最好弹上控制线，再拉水平通线，以此作为准线做灰饼，竖向每步架做一个灰饼，然后再做冲筋。

在灰饼、冲筋及室内墙面、门窗口做好护角即可进行抹灰层施工。抹灰层施工采取分层涂抹，多遍成活的方法。先抹底层，底层要低于冲筋，待底层水分蒸发、充分干燥后再涂抹中层，水泥砂浆和混合砂浆抹灰层，应凝固后抹灰。

石灰砂浆应待底层发白（7～8 成干）后方可涂抹中层。中层厚度为垫平冲筋并略高于冲筋。中层砂浆抹灰凝固前，应在层面上每隔一定距离交叉划出斜痕，以增加与面层的黏结力。待中层干至 5～6 成时，即可抹面层，面层表面必须严格保证平整、光滑和无裂痕。

外墙抹灰时因其有防水性能要求，常用水泥砂浆和混合砂浆打底，待底层砂浆具有一定强度后再抹中层，且在底层抹完后，常按一定尺寸将外墙面弹线分格，贴分格条，以免罩面砂浆收缩后产生裂缝，影响墙面美观。

外墙面抹灰时，外墙窗台、窗楣、雨篷、阳台、压顶和突出腰线等，上面应做流水坡度、下面应做滴水线或滴水槽，滴水槽的深度和宽度均不应小于 10 mm，并整齐一致。

3.顶棚抹灰施工

钢筋混凝土楼板顶棚抹灰前，应用清水润湿并刷一道素水泥浆。抹灰前应在四周墙上弹出水平线，以墙上水平线为依据，先抹顶棚四周，圈边找平。在实体基层上的抹灰方法与墙面抹灰相同，而在板条顶棚上抹底子灰时，抹子运行方向应与板条长向垂直，在苇箔顶棚上抹底子灰时，抹子运行方向应顺向苇杆，并都应将灰挤入板条、苇箔缝隙中。待底子灰 6～7 成干时进行罩面，罩面分三遍压实赶光。顶棚的高级抹灰，应加针长 350～450 mm 的麻束，间距为 400 mm，并交错布置，分遍按放射状梳理抹进中层砂浆内。顶棚表面应顺平，并压光压实，不应有抹纹和气泡、接槎不平等现象，顶棚与墙面相交的阴角应成一条直线。

4.机械喷涂抹灰

喷涂抹灰亦称喷毛灰，即把按照一定配合比例配制，搅拌好的砂浆，经过振动筛后倾入输送泵，通过管道，再借助空气压缩机的压力，把灰浆连续、均匀地喷涂于墙面和顶棚上，再经过抹平槎实，完成底子灰抹灰。

其主要特点是砂浆与基层黏结牢固；生产效率高；劳动强度低；落地灰多、清理用工多；砂浆稠度稀，易开裂。为减少裂缝，最好在机喷前一两天先在混凝土基层表面抹一层混合灰，并用抹子带毛。

喷涂抹灰主要适用于宿舍楼，办公楼等一般工业与民用建筑工程的内墙、外墙和顶棚抹灰工程。从经济效益的角度分析，尤其适用于面积较大的建筑群抹灰工程。灰浆材料为石灰砂浆、混合砂浆和水泥砂浆。

喷涂抹灰主要机具设备有组装车、管道、喷枪以及与手工抹灰不同的一些木制工具。组装车是将砂浆搅拌机、灰浆输送泵、空气压缩机、砂浆斗、振动筛和电气设备等都装在一辆拖车上，组成的喷灰组装车，它的特点是便于移动。施工时，应严格掌握砂浆的配合比和稠度，充分保证搅拌时间，应尽量使用中砂或在砂浆中加适量的塑化剂，来增加砂浆的和易性。内墙机喷抹灰的工艺流程可分为两种形式：先做墙裙、踢脚线和门窗护角，后喷灰；或者先喷灰，后做墙裙、踢脚线和门窗护角。前者的优点是可以保证墙裙、踢脚线和门窗护角的黏结质量，但厚度必须与墙面灰饼厚度一致，技术上要求较高，且要做好成品保护；后者的优点是容易掌握规矩，但增加清理用工，且不易保证墙裙、踢脚线和门窗护角水泥砂浆与基层黏结。内墙面喷发方法可按由下往上和由上往下 S 形巡回进行。

由上往下喷射时表面较平整，灰层均匀，容易掌握厚度，无鱼鳞状，但操作不熟练时容易掉灰。由下往上喷射时，可减少掉灰现象，应优先选用。上述两种喷法都要重复喷射两次以上才能达到要求的厚度。需要注意的是，应待第一遍稍干后再喷第二遍。

顶棚喷涂时宜先从门口开始，喷枪口离顶棚 150～200 mm，采用 S 形巡回路线法，先在 800～1 000 mm 范围内喷第一档，然后第二档、第三档，直至顶棚喷完。

机械喷涂抹灰要采取随喷、随托（托大板）、随刮（刮杠）工序。

（四）抹灰工程冬期施工

抹灰工程的冬期施工有两种施工方法，即热作法和冷作法。

1.热作法

热作法是利用房屋的永久热源或临时热源来提高和保持操作环境的温度，使抹灰砂浆硬化和固结。热作法一般适用于房屋内部的抹灰工程，对于质量要求较高的房屋和发电台、变电所等工程，应用热作法施工。采用热作法施工时，环境温度应在 5 ℃以上，并且需要保持到抹灰层基本干燥为止。室内的环境温度以地面以上 500 mm 处为准，并设专人测定。用火炉加热时，必须装设烟囱，严防煤气中毒。

2.冷作法

冷作法是在抹灰用的水泥砂浆或混合砂浆中掺入化学附加剂，以降低抹灰砂浆冰点的施工方法。冷作法一般适用于房屋外部的零星抹灰工程。用冷作法施工时，应采用水泥砂浆或水泥混合砂浆，在制作砂浆时应掺入化学附加剂，如氯化钠、氯化钙、亚硝酸钠、漂白粉等。施工用的砂浆配合比和化学附加剂的掺入量，应根据工程具体要求由试验确定。涂料墙面的抹灰砂浆中，不得掺入含氯盐的防冻剂。

（五）抹灰工程质量问题

1.砖墙、混凝土基体抹灰空鼓、有裂缝

砖墙抹灰后，过一段时间往往在门窗框与墙面交接处，木基层与砖石、混凝土基层交接处，以及墙裙、踢脚板上口等处出现空鼓、裂缝现象。

主要原因是基层处理不当、清理不干净；砂浆和材料质量差或使用不当；基层不平整，一次抹灰层过厚，干缩率较大；门窗框两边塞灰不严。

防治方法是做好抹灰前的基层处理工作；抹灰前墙应浇水；抹灰用的水泥、砂、石灰膏等应符合质量要求；门窗框塞缝应作为一道工序让人负责把关。

2.轻质隔墙抹灰空鼓、有裂缝

墙面抹灰后，过一段时间，沿板缝处产生纵向裂缝，条板与顶板之间产生横向裂缝，墙面产生空鼓和不规则裂缝。

主要原因是抹灰时板缝黏结砂浆挤压不严、砂浆不饱满；条板上口板头不平整，与顶板黏结不严；条板下端面清扫不干净，没有凿毛；墙体整体性和刚度较差，墙体受到冲击而振动。

防治方法是条板端面与顶板应黏接密实；加气混凝土墙面基层应清理干净，并提前浇水润湿，抹灰前应先刷一遍107胶水溶液或107胶水泥浆。

3.混凝土顶板抹灰空鼓、有裂缝

混凝土现浇楼板板底抹灰，往往在顶板四角产生不规则裂缝，中部产生通长裂缝；预制楼板则沿板缝出现纵向裂缝和空鼓现象。

主要原因是基层处理不干净，抹灰前浇水不透；预制混凝土楼板安装不平、接缝不严密；砂浆配比不当。

防治方法是基层要处理干净，如有蜂窝麻面，应用水泥砂浆抹平；预制楼板安装要平整，接缝要严密；抹灰前要喷水润湿。

4.抹灰面层起泡、开花、有抹纹

基层过干或使用的石灰膏质量不好，以及抹罩面灰时操作不当，面层容易起泡、有抹纹，过一段时间还会出现面层开花现象，影响抹灰外观质量。

防治方法是在水泥砂浆罩面时，须待抹完底子灰后，第二天再进行罩面，一般抹两遍，用刮刀刮平，木抹子搓平，然后用钢皮抹子揉实压光；用纸筋灰罩面时，须待底子灰5～6成干后进行，一般抹两遍，应一遍横（竖），一遍竖（横），再用铁抹子压一遍，然后顺抹子纹压光。

二、装饰抹灰工程

装饰抹灰包括水刷石、水磨石、斩假石、假面砖、拉条灰、拉毛灰、洒毛灰、喷砂、喷涂、滚涂、弹涂、仿石和彩色抹灰等。现将常用的和新的装饰抹灰工程简述如下。

（一）水刷石

水刷石是一种外墙饰面人造石材，美观、效果好且施工方便。其具体做法是：先用 1∶3 水泥砂浆打底并划毛，再刮一层 1mm 厚的薄素水泥浆一层，随即抹 8～12 mm 厚的水泥石碴浆，用铁抹子压实压平。手指捺上去无指痕、用刷子刷石子不掉时，可用刷子蘸水，刷掉面上的发浆，再用喷雾器由上往下接着喷水，喷水时应均匀，喷头应离墙面 100～200 mm。将表面的水泥浆冲掉，然后用小水壶从上往下冲洗干净。水刷石可以现场制作，也可以在工厂预制。在整片墙面上制作水刷石时，弹线后分格制成，效果较好。

（二）水磨石

水磨石用于铺设室内地坪等，花纹美观、润滑细腻。现场制作水磨石饰面时，先用 1∶3 或 1∶4 水泥粗砂浆打底，再薄刮一层素水泥浆作为黏结层，将底子打扫干净后，按设计要求布置并固定分格嵌条（玻璃条、铜条、铝条、不锈钢条等）。随后，将不同色彩的水泥石子浆（1∶1～1∶2.5）填入分格中。抹平压实。待罩面灰半凝固后，进行第一次打磨，打磨时加水和粗砂，磨完后，把泥浆洗干净，随即用同色干水泥补好砂眼，用同色石子补齐脱落的空缺。两天后，进行第二次打磨，打磨时加水，磨好后洗净，抹上干水泥，经一两天干燥后，进行第三次打磨，磨石子工序即告完成。最后，有的工程还要求用草酸擦洗和进行打蜡。水磨石的工厂预制，其工序基本上与现制的相同，只是开始时要按设计规定的尺寸、形状制成模框，另一不同之处是必须在底层加入钢筋。

（三）斩假石（剁斧石）

斩假石又称人造假石，是一种凝固后的水泥石屑浆经斩琢加工而成的人造石材。斩假石施工时，先用 1∶3 水泥砂浆打底，24 h 后浇水养护，然后在底灰上刮抹一道素水泥浆，随即抹 1∶1.5～1∶2 水泥石屑浆。石屑浆抹完后，应采取防晒措施养护一段时间，以水泥强度不大，易于斩剁而石屑又不易被剁下为宜，用剁斧将石屑表面的水泥浆皮剁去，使面层呈现出像天然石料经过斩琢加工后的质感，一般在勒脚以下剁成较粗糙的质感，而在勒脚以上和花饰部分剁成较细致的质感。斩假石除在现场制作外，也可以在工厂预制。预制块体中应加配钢筋和预埋铁件。

（四）外墙喷涂

外墙喷涂是一种新的施工工艺。施工速度快、节约劳动力，装饰效果好。它是用挤压式砂浆泵或喷斗将聚合物水泥砂浆喷涂在墙面基层或底灰上形成饰面层。在涂层表面可再喷一层甲基硅醇钠或甲基硅树脂憎水剂，以提高涂层的耐久性和减少墙面污染。

其操作方法是：打底，砖墙用 1∶3 水泥砂浆打底；混凝土墙板，一般只做局部处理；接着用 1∶3（胶∶水）107 胶水溶液喷刷胶黏层；然后喷涂聚合物水泥砂浆饰面层，要求三遍成活；通过调整砂浆的稠度和喷射压力的大小，可喷成砂浆饱满、波纹起伏的“波面”，或表面不出浆而满布细碎颗粒的“粒状”，亦可在表面涂层上再喷以不同色调的砂浆点，形成“花点套色”；最后，喷涂憎水剂。

（五）外墙滚涂

外墙滚涂是将聚合物水泥砂浆抹在墙体表面，用辊子滚出花纹，再喷罩甲基硅醇钠憎水剂形成的饰面层。这种施工方法比较简单，容易掌握，不需要特殊设备，工效高，可以节省材料、降低造价。同时，也可采用白水泥掺入各种颜料构成不同色彩的图案，表面美观。另外，施工时不易污染墙面和门窗，对局部装饰尤为适用。

操作方法：打底，用 1∶3 水泥砂浆打底，表面搓平搓细；贴分格条，先在贴分格条的位置用水泥砂浆压光，再弹好线，用胶布或纸条涂抹 107 胶，沿弹好的线贴分格条；滚涂；操作时需要两人合作，一人在前面涂抹砂浆，抹子紧压刮一遍，再用抹子顺平，另一人拿辊子滚拉，要紧跟涂抹人，否则吸水快时会拉不出毛；最后，还要喷涂有机硅水溶液（憎水剂），以提高滚涂层的耐久性，减缓污染变色。

第二节　饰面板（砖）工程

板块饰面工程内容很广，有天然石（大理石、花岗石）饰面板，人造石（大理石、水磨石、水刷石）饰面板，饰面砖（釉面砖、外墙面砖、陶瓷锦砖）和装饰混凝土板等。

一、常用材料的选用和质量要求

（一）天然石饰面板

1.大理石饰面板

大理石饰面板是一种高级装饰材料，用于高级建筑物的装饰面，如门头、柱面、墙面、地面、楼梯等。但不宜用于室外，否则年久，大理石将逐渐剥蚀并失去光泽，影响美观。大理石饰面板表面不得有隐伤、风化等缺陷，表面应平整、边缘整齐、棱角不得损坏。不宜采用易褪色材料（如稻草绳）包捆，以防运输和存放过程中草绳受潮脱色而污染石材。大理石饰面板是脆性材料，棱角极易损坏，因此，在包装和运输时要保护棱角和磨光面。放置时，应光面相对，衬以软纸，直立码放；搬运时，背面的棱角应先着地，严防磕碰。

2.花岗石饰面板

花岗石饰面板也是一种高级装饰材料，用于高级建筑物的装饰面。花岗石比大理石更坚硬，其耐磨性、抗风化性能均较好，耐酸性强，使用年限长，可用于室外，装饰效果良好。花岗石饰面板要求棱角方正，规格尺寸应符合设计要求；颜色一致，不得有裂纹、砂眼等隐伤。

（二）人造石饰面板

1.水磨石、水刷石饰面板

水磨石、水刷石饰面板是一种较高级的装饰预制板，适用于建筑物的内外墙面、地面及柱面。水磨石、水刷石饰面板的品种、颜色和规格应符合设计要求。表面平整、边缘整齐、棱角不得损坏；面层石粒应均匀、洁净、颜色一致，背面有平整的粗糙面。

2.人造大理石饰面板

人造大理石饰面板，花纹图案可以人工制作，比天然石材绚丽多彩，且质量轻、强度高、耐污染、耐腐蚀、安装方便，是现代建筑的理想装饰材料。

（三）饰面砖

1.釉面瓷砖

釉面瓷砖是一种适用于室内墙面装饰的陶瓷制品，其表面光滑，易于清洗，色泽多样，美观耐用，多用作厕所、厨房、游泳池等饰面材料。釉面瓷砖要求尺寸一致，颜色均匀，无缺釉、脱釉、无凸凹扭曲和裂纹夹心，边缘整齐，棱角不得损坏。搬运时要轻拿轻放，存放时要堆放整齐，防止潮湿。

2.外墙面砖

外墙面砖质地坚硬，吸水率不大于 8%，色调柔和，耐水、耐冻，经久耐用，用于外墙面、柱面、窗心墙、门窗套等。外墙面砖要求颜色均匀，规格一致，无凸凹不平、裂缝夹心现象，整齐方正，无缺棱、掉角。外墙面砖存放时分规格、分类覆盖存放。

3.陶瓷锦砖（马赛克）

陶瓷锦砖是用优质瓷土烧制而成的，有挂釉和不挂釉两种，可以组成各种装饰图案。大小不一，截面分凸面和平面两种。凸面的用于墙面装饰；平面的多铺设地面，亦有做墙面装饰的。陶瓷锦砖由于规格小，不宜分块铺贴，工厂生产产品时常将其按各种图案组合反贴在纸版上，编上统一的货号，以供选用。每张大小约 300 mm^2，称作一联，每 40 联为一箱，每箱约 3.7 m^2。可用于室内厕浴间、盥洗室、化验室、游泳室和外墙面。铺贴时要求规格颜色一致，无受潮、变色现象。拼接在纸版上的图案应符合设计要求，纸版完整，颗粒齐全，间距均匀。

二、基层处理和要求

大理石、预制水磨石和花岗石在结构施工时要按图纸要求事先下好预埋件、钢筋环、螺栓及木砖。大的块材或镶贴墙面高度较高时，均要按设计要求在基层结构表面事先绑扎钢筋网。

有防水层的房间、平台、阳台等要事先做好防水层，打好垫层。做防水层时要将墙面与地面交接处的阴角抹成小圆角。

厕所、浴室内的肥皂洞、手纸洞要事先剔留出来，便盆、浴盆、水池、镜箱等都应事先留好位置或安装就位。

三、预制水磨石、大理石和花岗石饰面板材安装

（一）小规格板材安装

对于边长小于 400 mm 的小规格饰面板可采用镶贴法施工。先用厚 12 mm 的 1∶3 水泥砂浆打底，刮平、找规矩，表面划毛。待底子灰凝固后，在已湿

润的饰面板块背面抹上厚 2～3 mm 的加适量 107 胶的水泥素浆，随即镶贴于基层表面，并用木槌轻敲，使水泥浆挤满整个背面，贴牢固，同时用靠尺找平、找直。

（二）大规格板材安装

对于边长大于 400 mm 或安装高度超过 1 m 的饰面板，可采用安装法施工。安装法又分为湿法施工与干法施工两种。

采用湿法施工时，要先按照设计要求在基层表面绑扎好钢筋网，与结构预埋件绑扎牢固。将饰面板材按设计要求钻孔。在板材安装前，应先检查基层平整情况，如凹凸过大则应进行处理。然后，按预排的饰面板位置，由下往上，每层从中间或一端开始，依次将饰面板用铜丝与钢筋骨架绑扎固定。

板材与基层间的缝隙（即灌浆厚度）一般为 20～50 mm。灌浆前，应先在竖缝内填塞 15～20 mm 深的麻丝或泡沫塑料条以防漏浆，并浇水使饰面板背面和基体表面保持润湿。再用 1∶2.5 的水泥砂浆分层灌注，每层灌注高度一般为 200～300 mm。待初凝后再继续灌浆，直到距上口 50～100 mm 时停止。再安装第二层板材，依次安装、固定、灌浆。每次安装固定后，须将饰面清理干净。安装固定的饰面板材如面层光泽受到影响，可以重新打蜡出光。另外，要采取临时保护措施保护棱角。

干法工艺是直接在板材上打孔，然后用不锈钢连接器与埋在钢筋混凝土墙体内的膨胀螺栓相连，使板材与墙体间形成空腔。由于在安装过程中没有湿作业，故称干法。一般多用于 30 m 以下的混凝土结构，不适用于砖墙和加气混凝土墙。

（三）粘贴法

首先，处理好基层。当基层墙体为砖墙时，应先用 1∶3 水泥砂浆打底、扫毛或划纹。当墙体为混凝土墙时，应先刷特定型号的混凝土界面处理剂，并抹 10 mm 厚 1∶3 水泥砂浆打底，表面扫毛或划纹。随后再抹 6 mm 厚 1∶2.5

水泥砂浆罩面，然后贴饰面板。一般在板材的背面满涂 2～3 mm 厚建筑胶黏剂。最后，在板材接缝处用稀水泥浆擦缝。这种方法一般适用于板材尺寸不大于 300 mm×300 mm 和粘贴高度在 3 m 以下的非地震区的室内装修。

第三节　裱糊工程

一、常用材料及质量要求

壁纸是室内装饰中常用的一种装饰材料，广泛用于墙面、柱面裱糊装饰，也可用于吊顶。塑料壁纸是目前发展最为迅速、生产量最大、应用极为广泛的壁纸。塑料壁纸主要以聚氯乙烯（PVC）为原料生产。在国际市场上，塑料壁纸大致可以分为三类，即普通壁纸、发泡壁纸和特种壁纸。

普通壁纸是以 80 g/m^2 的木浆纸为基材，表面再涂以 100 g/m^2 左右的高分子乳液，经印花、压花而成。这种壁纸花色、品种多，适用面广，价格低廉，广泛用于一般住房及公共建筑的内墙、柱面、顶棚的装饰。此外，这种壁纸耐光、耐老化、耐水擦洗，便于维护，耐用。

发泡壁纸，亦称浮雕壁纸，是以 100 g/m^2 的纸作基材，涂塑 300～400 g/m^2 掺有发泡剂的聚氯乙烯糊状料，印花后，再经加热发泡而成。壁纸表面呈凹凸花纹，立体感强，装饰效果好，并富有弹性。这类壁纸又有高发泡印花、低发泡印花、压花等品种。其中，高发泡纸发泡率较大，表面呈比较突出的、富有弹性的凹凸花纹，是一种具有装饰性和吸声功能的壁纸。适用于影剧院、会议室、讲演厅、住宅天花板等的装饰。低发泡纸是在发泡平面印有图案的壁纸，适用于室内墙裙、客厅和内廊的装饰。

所谓特种壁纸，即指具有特殊功能的塑料面层壁纸，如耐水壁纸、防火壁纸、抗腐蚀壁纸、抗静电壁纸、健康壁纸、吸声壁纸等。

除上述壁纸外，还有其他面料的壁纸，具体如下。

（一）墙布

墙布没有底纸，为便于粘贴施工，要有一定的厚度。墙布的基材有玻璃纤维织物、合成纤维无纺布等。由于这类织物表面粗糙，所以印刷的图案也比较粗糙，装饰效果较差，目前已退出市场。

（二）金属壁纸

金属壁纸面层为铝箔，由胶黏剂与底层贴合而成。金属壁纸有金属光泽，金属感强，表面可以压花或印花。其特点是强度高、不易破损，不会老化，耐擦洗、耐油污，是一种高档壁纸。

（三）草席壁纸

草席壁纸以天然的草、席的编织物为面料。草席料预先染成不同的颜色和色调，用不同的密度和排列方式编织，再与底纸贴合，可得到各种不同外观的草席面壁纸。这种壁纸更贴近大自然，满足了一些人返璞归真的需要。其缺点是较易受机械损坏，不能擦洗，保养要求高。

二、塑料壁纸的粘贴施工

（一）塑料壁纸的选择

塑料壁纸的选择包括选择壁纸的种类、色彩和图案。选择时应考虑建筑物的用途、保养条件、特殊要求及造价等因素。

（二）壁纸胶黏剂

胶黏剂应有良好的黏结强度和耐老化性，以及防潮、防霉和耐碱性，干燥后也要有一定的柔性，以满足基层和壁纸的热伸缩需要。

商品壁纸胶黏剂有液状和粉状两种。液状的使用方便，可直接使用；粉状的则需要按说明进行配制。

常用胶黏剂配合比为：

①107 胶（含固量约 12%）∶羧甲基纤维素（含固量 2.5%～3%的水溶液）∶水＝100∶30∶（50～100）。

②107 胶∶水＝1∶1。

③聚醋酸乙烯乳胶∶羧甲基纤维素（2.5%溶液）＝60∶40。

（三）基层处理

基层处理的好坏对整个壁纸的粘贴质量有很大的影响。各种墙面抹灰层只要具有一定强度、表面平整光洁、不疏松掉面都可以直接粘贴塑料壁纸，如水泥白灰砂浆、白灰砂浆、石膏砂子抹灰、纸筋灰、石膏板、石棉水泥板等。

对基层总的要求是表面坚实、平滑，无毛刺、砂粒、凸起物，不剥落和起鼓，无大的裂缝，否则应视具体情况进行适当的基层处理。

批嵌时可视基层情况进行局部批嵌，凸出物应铲平，填平大的凹槽和裂缝；较差的基层宜满批。干后用砂纸磨光、磨平。批嵌用的腻子可以自己配制。涂刷后的腻子应坚实牢固，不得粉化、起皮或出现裂缝。

为防止基层吸水太快，引起胶黏剂脱水而影响壁纸黏结，可在基层表面刷一道用水稀释的 107 胶作为底胶进行封闭处理。刷底胶时，应做到均匀、稀薄，不留刷痕。

（四）粘贴施工要点

1.弹垂直线

为使壁纸粘贴的花纹、图案、线条纵横连贯，在底胶干后，应根据房间大小，门窗位置、壁纸宽度和花纹图案进行弹线，从墙的阴角开始，以壁纸宽度弹垂直线，作为裱糊时的操作准线。

2.裁纸

裱糊用壁纸，纸幅必须垂直，以保证花纹、图案纵横连贯一致。裁纸时，应根据实际弹线尺寸统筹规划。纸幅要编号，按顺序粘贴。分幅壁纸在裁切时，要使主要墙面的花纹对称、完整、对缝和搭缝。裁切的一边只能搭缝，不能对缝。裁边应平直、整齐，不得有纸毛、飞刺等。

3.湿润

以纸为底层的壁纸遇水会受潮膨胀，约 5～10 min 后胀足，干燥后又会收缩。因此，施工前，壁纸应浸水湿润，使其充分膨胀后贴上墙，这样可以使壁纸贴得平整。

4.刷胶

胶黏剂要求涂刷均匀、不漏刷。在基层表面涂刷胶黏剂应比壁纸刷宽 20～30 mm，涂刷一段，裱糊一张，不宜涂刷过厚。裱糊顶棚时，基层和壁纸背面均应涂刷胶黏剂。

5.裱糊

待裱糊施工时，应先贴长墙面，后贴短墙面，每个墙面从显眼的墙角以整幅纸开始，将窄条纸的现场裁切边留在不显眼的阴角处。在裱糊第一幅壁纸前，应弹垂直线，作为裱糊时的准线。在开始裱糊第二幅时，要先上后下对缝裱糊，对缝必须严密，不显接槎，花纹图案的对缝必须使图案吻合。拼缝对齐后，再用刮板由上向下赶平压实。挤出的多余胶黏剂用湿棉丝及时揩擦干净，不得有气泡和斑污。每次裱糊 2～3 幅后，要吊线检查是否垂直，以防造成累积误差。阳角转角处不得留拼缝，基层阴角若不垂直，一般不做对接缝，改为搭缝。裱糊过程中和干燥前，应防止穿堂风劲吹和温度的突然变化。冬期施工，应在保暖条件下进行。

6.清理修整

整个房间贴好后，应进行全面、细致的检查，对未贴好的局部进行清理修整，要求修整后不留痕迹。

三、工程验收

裱糊工程完工干燥后即可验收。检查数量为按有代表性的自然间（过道按 10 延长米，礼堂、厂房等大间可按两轴线为 1 间）抽查 10%，但不得少于 3 间。验收时，应检查材料品种、颜色、图案是否符合设计要求。

裱糊质量要求：壁纸粘贴牢固，表面色泽一致，不得有气泡、空鼓、裂缝等；表面平整、无波纹起伏；各幅壁纸拼接横平竖直，距墙面 1.5 m 处正视，不显拼缝；阴阳转角垂直，棱角分明，阴角处搭接顺光。

第五章　建筑工程质量管理

第一节　建筑工程质量概述

一、建筑工程质量的特性

建筑工程质量简称工程质量。建筑工程质量特性是指工程满足业主需要的，符合国家法律法规、技术规范标准、设计文件及合同规定的特性。

建筑工程作为一种特殊的产品，除具有一般产品所具有的质量特性，如可靠性、经济性等能够满足社会需要的使用价值及其属性外，还具有特定的内涵。建筑工程质量的特性主要表现在以下几个方面。

（一）适用性

适用性是指工程满足使用目的的各种性能，它包括以下几个方面。

1.理化性能

理化性能包括尺寸、规格、保温、隔热、隔音等物理性能；耐酸、耐碱、耐腐蚀等化学性能。

2.结构性能

结构性能指地基基础牢固程度，包括结构的强度、刚度和稳定性。

3.使用性能

使用性能指民用住宅工程要能使居住者安居，工业厂房要能满足生产活动需要，道路、桥梁、铁路、航道要通达便捷等。

4.外观性能

外观性能指建筑物的造型、布置、色彩、室内装饰效果等美观、大方、协调。

（二）耐久性

耐久性是指工程竣工后建筑物的合理使用寿命。由于建筑物本身的结构类型不同、质量要求不同、施工方法不同、使用性能不同，因此其耐久性也不同。如民用建筑主体结构耐用年限分为 4 级（15～30 年、30～50 年、50～100 年、100 年以上）；公路工程设计年限一般按等级控制在 10～20 年；根据道路的构成和所用的材料不同，城市道路工程设计年限也有所不同。

（三）安全性

安全性是指工程建成后，在使用过程中保证结构安全，保证人身和环境免受危害的程度。建筑工程产品的结构安全度，抗震、耐火及防火能力等，都是安全性的重要标志。工程交付使用后，必须保证人身财产、工程整体都能免遭工程结构破坏及外来因素造成的损害。工程组成部件，如阳台栏杆、楼梯扶手、电梯及各类设备等，都要保证使用者的安全。

（四）可靠性

可靠性是指工程在规定的时间和规定的条件下发挥规定作用的能力。工程不仅要在交工验收时达到规定的指标，而且在一定的使用时期内要保持应有的正常功能。如工程的防洪与抗震、防水隔热、恒温恒湿能力，工业生产用的管道防“跑、冒、滴、漏”等，都属于可靠性的质量范畴。

（五）经济性

经济性是指工程从规划、勘察、设计、施工到整个产品使用寿命周期消耗的费用。工程经济性具体表现在设计成本、施工成本、使用成本方面，包括从征地、拆迁、勘察、设计、采购（材料、设备）、施工、配套设施建设等全过程的总投资和工程使用阶段的能耗、水耗、维护、保养乃至改建更新的维修费用。

（六）与环境的协调性

与环境的协调性是指工程与周围生态环境协调，与所在地区经济环境协调以及与周围已建工程协调，以适应可持续发展的要求。

二、影响建筑工程质量的因素

影响建筑工程质量的因素有很多，通常可以归纳为“4M1E”，具体指：人（Man）、材料（Material）、机械（Machine）、方法（Method）和环境（Environment）。事前对这几个因素严加控制，是保证施工项目质量的关键。

（一）人

人是生产经营活动的主体，也是直接参与施工的组织者、指挥者及施工作业活动的具体操作者。人员素质即人的文化、技术、决策、组织、管理等能力的高低，它直接或间接地影响工程质量。此外，人作为控制的对象，要避免出现失误；作为控制的动力，要充分调动人的积极性，发挥人的主导作用。

为此，除加强政治思想、劳动纪律、职业道德教育和专业技术培训，健全岗位责任制，改善劳动条件，公平合理地激励劳动者以外，还要根据工程特点，从人的技术水平、生理缺陷、心理行为、错误行为等方面来控制人的使用。因此，建筑行业要实行经营资质管理和各类行业从业人员持证上岗制度，这也是保证人员素质的重要措施。

（二）材料

材料包括原材料、成品、半成品、构配件等，它是工程建设的物质基础，也是保证工程质量的基础。要严格检查验收材料，正确合理地使用材料，建立管理台账，注重对收、发、储、运等各环节的技术管理，避免混料或将不合格的原材料使用到工程上。

（三）机械

机械包括施工机械设备、工具等，是施工生产的手段。要根据不同工艺特点和技术要求，选用合适的机械设备；正确使用、管理和保养机械设备。机械设备的质量与性能直接影响工程项目的质量。为此，要建立健全“人机固定”制度、“操作证”制度、岗位责任制度、交接班制度、技术保养制度、安全使用制度、机械设备检查制度等，确保机械设备处于最佳使用状态。

（四）方法

方法包含施工方案、施工工艺、施工组织设计、施工技术措施等。在工程施工中，方法是否合理，工艺是否先进，操作是否得当，都会对施工质量产生重大影响。应通过分析、研究、对比，在确认可行的基础上，切合工程实际，选择能解决施工难题、技术可行、经济合理，有利于保证质量、加快进度、降低成本的方法。

（五）环境

影响工程质量的环境因素较多，有工程技术环境，如地质、水文、气象等；工程管理环境，如质量保证体系和质量管理制度等；劳动环境，如劳动组合、作业场所等；社会环境，如建筑市场规范程度、政府工程质量监督和行业监督成熟度等。环境因素对工程质量的影响具有复杂多变的特点，如气象变化万千，温度、湿度、大风、暴雨、酷暑、严寒等都会直接影响工程质量。又如前一工序通常就是后一工序的施工环境，前一分项、分部工程也就是后一分项、分部工程的施工环境。因此，加强环境管理，改进作业条件，把握好环境，是控制环境影响因素的重要保障。

三、建筑工程施工质量的特点

建筑工程施工质量的特点是由建筑工程本身和建设过程决定的，主要有以下几个。

（一）影响因素多

建筑工程施工质量受多种因素的影响，如决策、设计、材料、机具设备、施工方法、施工工艺、技术措施、人员素质、工期、工程造价等，这些因素会直接或间接地影响建筑工程项目施工质量。

（二）质量波动大

由于建筑生产的单件性、流动性，不像一般工业产品的生产那样，有固定的生产流水线、规范化的生产工艺、完善的检测技术、成套的生产设备和稳定的生产环境，所以工程施工质量容易产生波动且波动较大。同时由于影响工程施工质量的偶然性因素和系统性因素较多，其中的任一因素发生变化，都会使工程质量产生波动。为此，要严防出现系统性因素的质量变异，把质量波动控制在偶然性因素的范围内。

（三）质量隐蔽性

建筑工程在施工过程中，分项工程交接多、中间产品多、隐蔽工程多，因此建筑工程的质量存在隐蔽性。若在施工时不及时进行质量检查，则事后只能从表面检查，这样就很难发现内在的质量问题了。

（四）终检的局限性

工程项目建成后，一般不可能像工业产品那样将产品拆卸、解体来检查其内在的质量，或对不合格的零部件进行更换。也就是说，工程项目的终检（竣工验收）无法进行工程内在质量的检验，不能发现隐蔽的质量缺陷。因此，工程项目的终检存在一定的局限性。也就是说，工程施工质量管理应以预防为主，防患于未然。

（五）评价方法的特殊性

工程施工质量的检查评定及验收是按检验批、分项工程、分部工程、单位工程的顺序进行的。工程质量是在施工单位按合格质量标准自行检查评定的基础上，由监理工程师（或建设单位项目负责人）组织有关单位、人员进行检验，确认验收。这种评价方法体现了“验评分离、强化验收完善手段、过程控制”的指导思想。

第二节　建筑工程质量管理的内容

一、建筑工程质量管理依据

（一）相关技术文件

概括地说，建筑工程质量管理的相关技术文件主要有以下几类：①工程项目施工质量验收标准《建筑工程施工质量验收统一标准》（GB 50300—2013）以及其他行业工程项目的质量验收标准；②有关工程材料、半成品和构配件质量控制方面的专门技术法规；③控制施工作业活动质量的技术规程（如电焊操作规程、砌砖操作规程、混凝土施工操作规程等）；④凡采用新工艺、新技术、新材料的工程，应事先进行试验，并应有权威性技术部门的技术鉴定书及有关的质量数据、指标，在此基础上制定质量标准和施工工艺规程，以此作为判断与管理施工质量的依据。

（二）工程建设各阶段对质量的要求

建筑工程项目质量的形成过程，贯穿于整个建设项目的决策阶段和各个工程项目设计与施工阶段，是一个从目标决策、目标细化到目标实现的系统过程。因此，必须分析工程建设各阶段对质量的要求，以便采取有效的管理措施。

1.决策阶段

这一阶段包括建设项目发展规划、项目可行性研究、建设方案论证和投资决策等工作。在这一阶段，相关工作的主要目的是识别业主的建设意图和需求，对建设项目的性质、建设规模、使用功能、系统构成和建设标准要求等进行策划、分析、论证，为整个建设项目的质量目标提出明确要求。

2.设计阶段

建筑工程设计是通过建筑设计、结构设计、设备设计使质量目标具体化，并指出达到工程质量目标的途径和具体方法。这一阶段是建筑工程项目质量目标的具体定义过程。通过建筑工程的方案设计、扩大初步设计、技术设计和施工图设计等环节，明确建筑工程项目各细部的质量特性指标，为项目的施工安装作业活动及质量管理提供依据。

3.施工阶段

施工阶段是建设目标的实现过程，是影响建筑工程项目质量的关键环节，包括施工准备工作和施工作业活动。通过严格按照施工图纸施工，实施目标管理、过程监控、阶段考核、持续改进等环节，将质量目标和质量计划付诸实践。

4.竣工验收及保修阶段

竣工验收是对工程项目质量目标完成程度的检验、评定和考核过程，它体现了工程质量的最终水平。此外，一个工程项目不只是经过竣工验收就可以完成的，还要经过使用保修阶段，需要在使用过程中解决施工遗留问题，发现的新的质量问题。只有严格把握好这两个环节，才能最终保证工程项目的质量。

二、建筑工程施工准备阶段的质量管理

（一）施工承包单位资质的核查

1.施工承包单位资质的分类

根据施工企业承包工程的能力，可将其划分为施工总承包企业、专业承包企业和劳务分包企业。

（1）施工总承包企业

获得施工总承包资质的企业，可以对工程实行施工总承包或者对主体工程实行施工承包。施工总承包企业可以将承包的工程全部自行施工，也可将非主

体工程或者劳务作业分包给具有相应专业承包资质或者劳务分包资质的其他建筑业企业。施工总承包企业的资质按专业类别共分为 12 个，每一个资质类别又分为特级、一级、二级、三级。

（2）专业承包企业

获得专业承包资质的企业，可以承接施工总承包企业分包的专业工程或者建设单位按照规定发包的专业工程。专业承包企业可以对所承接的工程全部自行施工，也可将劳务作业分包给具有相应劳务分包资质的劳务分包企业。专业承包企业资质按专业类别共分为 60 个，每一个资质类别又分为一级、二级、三级。

（3）劳务分包企业

获得劳务分包资质的企业，可以承接施工总承包企业或者专业承包企业分包的劳务作业。劳务承包企业的资质类别包括木工作业、砌筑作业、钢筋作业、架线作业等。有的资质类别分成若干级，有的则不分级，如木工、砌筑、钢筋作业劳务分包企业资质分为一级、二级。油漆、架线等作业劳务分包企业则不分级。

2.查对承包单位近期承建工程

实地参观考核工程质量情况及现场管理水平。在全面了解的基础上，重点考核与拟建工程类型、规模、特点相似或接近的工程，优先选取具有名牌优质工程建造经验的企业。

（二）施工组织设计（质量计划）的审查

1.质量计划与施工组织设计

质量计划与现行施工管理中的施工组织设计既有相同的地方，又存在着差别，主要体现在以下几点。

（1）对象相同

质量计划和施工组织设计都是针对某一特定工程项目提出的。

（2）形式相同

二者均为文件形式。

（3）作用既有相同之处又有区别

投标时，投标单位向建设单位提供的施工组织设计和质量计划的目的是相同的，都是对建设单位作出工程项目质量管理的承诺；施工期间承包单位编制的、详细的施工组织设计仅供内部使用，用于具体指导工程项目的施工，而质量计划的主要作用是向建设单位作出保证。

（4）编制的原理不同

质量计划的编制是以质量管理标准为基础的，在质量职能上对影响工程质量的各环节进行控制；而施工组织设计则是从施工部署的角度，着重从技术质量上来编制全面施工管理的计划文件。

（5）内容上各有侧重点

质量计划的内容包括质量目标、组织结构，以及人员培训、采购、过程质量控制的手段和方法；而施工组织设计则是建立在灵活运用这些手段和方法的基础上。

2.施工组织设计的审查程序

第一，在工程项目开工前约定的时间内，承包单位必须完成施工组织设计的编制及内部自审批准工作，填写“施工组织设计（方案）报审表”，报送项目监理机构。

第二，总监理工程师在约定的时间内，组织专业监理工程师审查，提出意见后，由总监理工程师审核签认。需要承包单位修改时，由总监理工程师签发书面意见，退回承包单位修改后再报审，总监理工程师要重新审查。

第三，已审定的施工组织设计由项目监理机构报送建设单位。

第四，承包单位应按审定的施工组织设计文件组织施工。如需对其内容作较大的变更，应在实施前以书面形式将变更内容报送项目监理机构审核。

第五，对规模大、结构复杂或属于新结构、特种结构的工程，项目监理机构应在审查施工组织设计后，报送监理单位技术负责人审查，其审查意见由总监理工程师签发。必要时与建设单位协商，组织有关专家会审。

3.审查施工组织设计时应坚持的原则

第一，施工组织设计的编制、审查和批准应符合规定的程序。

第二，施工组织设计应符合国家的技术政策，充分考虑承包合同规定的条件、施工现场条件及法律法规等，突出“质量第一”“安全第一”的原则。

第三，施工组织设计应有针对性。承包单位要了解并掌握本工程的特点及难点，施工条件要充分。

第四，施工组织设计应有可操作性。承包单位要有能力执行并保证工期和质量目标，相关施工组织设计要切实可行。

第五，技术方案的先进性。施工组织设计采用的技术方案和措施要具有先进性，相关技术应已成熟。

第六，质量管理和技术管理体系、质量保证措施要健全且切实可行。

第七，安全、环保、消防和文明施工措施要切实可行并符合有关规定。

第八，在符合合同和法规要求的前提下，对施工组织设计的审查，应尊重承包单位的自主技术决策和管理决策。

（三）现场施工准备的质量管理

监理工程师现场施工准备的质量管理共包括八项工作：工程定位及标高基准管理，施工平面布置的管理，材料构配件采购订货的管理，施工机械配置的管理，分包单位资质的审核确认，设计交底与施工图纸的现场核对，严把开工关，监理组织内部的监控准备工作。

1.工程定位及标高基准管理

工程施工测量放线是建筑工程产品由设计转化为实物的第一步。监理工程师应将其作为保证工程质量的一项重要内容，在监理工作中，应由测量专业监理工程师负责工程测量的复核管理工作。

2.施工平面布置的管理

监理工程师要检查施工现场的总体布置是否合理，是否有利于保证施工正常、顺利地进行，是否有利于保证质量等。

3.材料构配件采购订货的管理

凡由承包单位负责采购的原材料、半成品或构配件，在采购订货前应向监理工程师申报；对于重要的材料，还应提交样品，供试验或鉴定，有些材料则要求供货单位提交理化试验单（如预应力钢筋的硫、磷含量等），经监理工程师审查认可后，方可进行订货采购。

对于半成品和构配件的采购、订货，监理工程师应提出明确的质量要求，质量检测项目及标准；提出出厂合格证或产品说明书等质量文件的要求，以及是否需要权威性的质量认证等。

4.施工机械配置的管理

第一，施工机械设备的选择。选择施工机械设备时，除应考虑施工机械的技术性能、工作效率、工作质量、可靠性以及维修难易程度、能源消耗等影响因素外，还应考虑其数量配置对施工质量的影响。

第二，审查施工机械设备的数量是否足够。

第三，审查所需的施工机械设备是否按已批准的计划备妥；所准备的机械设备是否与监理工程师审查认可的施工组织设计或施工计划中所列的一致；所准备的施工机械设备是否都处于完好的可用状态等。

5.分包单位资质的审核确认

第一，分包单位提交“分包单位资质报审表”。总承包单位选定分包单位后，应向监理工程师提交“分包单位资质报审表”。

第二，监理工程师审查总承包单位提交的“分包单位资质报审表”。

第三，对分包单位进行调查，调查的目的是核实总承包单位申报的分包单位情况。

6.设计交底与施工图纸的现场核对

施工图纸是工程施工的直接依据，为了使施工承包单位充分了解工程特点、设计要求，减少图纸的差错，确保工程质量，减少工程变更，监理工程师应要求施工承包单位做好施工图的现场核对工作。

施工图纸现场核对工作主要包括以下几个方面。

①施工图纸合法性的认定。施工图纸是否经设计单位正式签署，是否按规定经有关部门审核批准，是否得到建设单位的同意。

②图纸与说明书是否齐全，如分期出图，图纸供应是否满足需要。

③地下构筑物、障碍物、管线是否探明并标注清楚。

④图纸中有无遗漏、差错或相互矛盾之处（如漏画螺栓孔、漏列钢筋明细表，尺寸标注有错误等）。图纸的表示方法是否清楚、符合标准等。

⑤地质及水文地质等基础资料是否充分、可靠，地形、地貌与现场实际情况是否相符。

⑥所需材料的来源有无保证，能否替代；新材料、新技术的采用有无问题。

⑦所提出的施工工艺、方法是否合理，是否切合实际，是否存在不便于施工之处，能否保证质量要求。

⑧施工图或说明书中所涉及的各种标准、图册、规范、规程等，承包单位是否具备。

对于存在的问题，承包单位应以书面形式提出。在设计单位以书面形式进行解释或确认后，承包单位才能进行施工。

7.严把开工关

在总监理工程师向承包单位发出开工通知书时，建设单位即应按照计划提供承包单位所需的场地和施工通道以及水、电供应条件，以保证及时开工，防止承担补偿工期和费用损失的责任。为此，监理工程师应事先检查工程施工所需的场地征用情况，以及道路和水、电是否开通等。

总监理工程师对拟开工工程有关的现场各项施工准备工作进行检查并确认合格后，方可发布书面的施工指令，开工前承包单位必须提交“工程开工报审表”，经监理工程师审查前述各方面条件具备并由总监理工程师予以批准后，承包单位才能正式进行施工。

8.监理组织内部的监控准备工作

建立并完善项目监理机构的质量监控系统，做好监控准备工作，使之能满足监理项目质量监控的需要，这是监理工程师做好质量控制的基础工作之一。

三、建筑工程施工过程质量管理

（一）作业技术准备状态管理

所谓作业技术准备状态管理，是指在正式开展作业技术活动前，检查各项施工准备是否按预先计划的安排落实到位。

1.质量控制点的设置

质量控制点是指为了保证作业过程质量而确定的重点控制对象、关键部位或薄弱环节。设置质量控制点是保证达到施工质量要求的必要前提。具体做法是承包单位事先分析可能造成质量问题的原因，针对原因制定对策，列出质量控制点明细表，并提交监理工程师审查批准。在审查通过后，再实施质量预控。

2.质量控制点所在环节或部位

第一，施工过程中的关键工序或环节以及隐蔽工程，如预应力结构的张拉工序，钢筋混凝土结构中的钢筋架立。

第二，施工中的薄弱环节，或质量不稳定的工序、部位或对象，如地下防水层施工。

第三，对后续工程施工，或对后续工序的质量、安全有重大影响的工序、部位或对象，如预应力结构中的预应力钢筋质量、模板的支撑与固定等。

第四，采用新技术、新工艺、新材料的部位或环节。

第五，施工上无足够把握的、施工困难的或技术难度大的工序或环节，如复杂曲线模板的放样等。

是否设置为质量控制点，主要视其对质量特性影响的大小、危害程度以及其质量保证的难度大小而定。

（二）作业技术交底管理

作业技术交底是施工组织设计或施工方案的具体化。项目经理部中主管技术人员编制的技术交底书，必须经项目总工程师批准。

技术交底的内容有：施工方法、质量要求和验收标准，施工过程中需注意的问题，出现意外的补救措施和应急方案。

交底中要明确的问题有：做什么、谁来做、如何做、作业标准和要求、什么时间完成等。对于关键部位或技术难度大、施工复杂的检验批，在分项工程施工前，承包单位的技术交底书（作业指导书）要报监理工程师。经监理工程师审查后，如技术交底书不能保证作业活动的质量要求，承包单位要进行修改补充。如果没有做好技术交底的工序或分项工程，则不得进入正式实施阶段。

（三）进场材料、构配件和设备的质量管理

凡运到施工现场的原材料、半成品或构配件，进场前应向项目监理机构提交“工程材料/构配件/设备报审表”，同时附有产品出厂合格证及技术说明书。由施工承包单位按规定要求进行检验的检验或试验报告，要经监理工程师审查并确认其质量合格。在此之后，产品方准进场。凡是没有产品出厂合格证明及检验不合格者，不得进场。

如果监理工程师认为承包单位提交的有关产品合格证明的文件以及施工承包单位提交的检验和试验报告仍不足以说明到场产品的质量符合要求，监理工程师可以再行组织复检或进行取样试验，确认其质量合格后方允许进场。

（四）环境状态管理

1.施工作业环境的管理

作业环境条件包括水、电或动力供应，施工照明、安全防护设备，施工场地空间条件和通道，交通运输道路条件等。

监理工程师应事先检查承包单位是否已做好安排和准备妥当。在确认其准备可靠、有效后，方可准许其施工。

2.施工质量环境的管理

施工质量环境管理主要是指以下几点：①施工承包单位的质量管理体系和质量控制自检系统是否处于良好状态；②系统的组织结构、管理制度、检测制度、检测标准、人员配备等方面是否完善和明确；③质量责任制是否落实。

监理工程师要做好对承包单位施工质量环境的检查，并督促其落实，这是保证作业效果的重要前提。

（五）进场施工机械设备性能及工作状态的管理

1.进场检查

在进场前，施工单位应报送进场设备清单。清单包括机械设备规格、数量、技术性能、设备状况、进场时间。进场后，监理工程师进行现场核对，核对施工内容是否和施工组织设计中所列的内容相符。

2.工作状态的检查

审查机械的使用、保养记录。检查机械的工作状态。

3.特殊设备安全运行的审核

对于现场使用的塔吊及有关特殊安全要求的设备，进入现场后，在使用前，必须经当地劳动安全部门鉴定，确定该特殊设备符合要求并办好相关手续后方允许承包单位投入使用。

4.大型临时设备的检查

在设备使用前，承包单位必须取得本单位上级安全主管部门的审查批准，办好相关手续后，监理工程师方可批准投入使用。

（六）施工测量及计量器具性能、精度的管理

1.试验室

承包单位应建立试验室。若不能建立，则应委托有资质的专门试验室进行试验。若是新建的试验室，应按国家有关规定，经计量主管部门进行认证，取得相应资质。若是本单位中心试验室的派出部分，则应有中心试验室的正式委托书。

2.监理工程师对试验室的检查

第一，在工程作业开始前，承包单位应向监理机构报送试验室（或外委试验室）的资质证明文件，列出本试验室所开展的试验、检测项目，用到的主要仪器、设备，法定计量部门对计量器具的标定证明文件，试验检测人员上岗资质证明，试验室管理制度等。

第二，监理工程师的实地检查。监理工程师应检查试验室资质证明文件、试验设备、检测仪器是否满足工程质量检查要求，是否处于良好的可用状态；精度是否符合需要；法定计量部门标定资料，合格证、率定表是否在标定的有效期内；试验室管理制度是否完善，符合实际；试验、检测人员的上岗资质等。经检查，确认能满足工程质量检验要求，则予以批准，同意使用，否则，承包单位应进一步完善、补充，在没有得到监理工程师同意之前，试验室不得使用。

第三，工地测量仪器的检查。在施工测量开始前，承包单位应向项目监理机构提交测量仪器的型号、技术指标、精度等级，法定计量部门的标定证明，测量工的上岗证明等。在监理工程师审核确认后，方可进行正式测量作业。在作业过程中，监理工程师也应经常检查、了解计量仪器、测量设备的性能、精度状况，使其保持在良好的状态。

（七）施工现场劳动组织及作业人员上岗资格管理

第一，现场劳动组织的控制。劳动组织涉及从事作业活动的操作者及管理者，以及相应的管理制度。

第二，作业人员上岗资格。从事特殊作业的人员（如电焊工、电工、起重工、架子工、爆破工）必须持证上岗。对此监理工程师要进行检查与核实。

（八）作业技术活动结果管理

1.作业技术活动结果管理的内容

作业技术活动结果管理的主要内容有以下几项：①基槽（基坑）验收；②隐蔽工程验收；③工序交接验收；④检验批分项、分部工程的验收；⑤联动试车或设备的试运转；⑥单位工程或整个工程项目的竣工验收；⑦不合格工程及材料的处理。上道工序不合格不准进入下道工序施工；不合格的材料、构配件、半成品不准进入施工现场且不允许使用；已进场的不合格品应及时做好标识并进行记录，指定专人看管，避免用错，并限期清除出现场；不合格的工序或工程产品不予计价。

2.作业技术活动结果检验程序

作业技术活动结果检验程序是：施工承包单位竣工自检→提交工程竣工报验单→总监理工程师组织专业监理工程师→竣工初验→初验合格，报建设单位→建设单位组织正式验收。

第三节　建筑工程质量管理的方法与手段

一、审核有关技术文件、报告或报表

对技术文件、报告、报表的审核，是项目经理对工程质量进行全面管理的重要手段，其具体内容包括：①审核有关技术资质证明文件；②审核开工报告，并进行现场核实；③审核施工方案、施工组织设计和技术措施；④审核有关材料、半成品的质量检验报告；⑤审核反映工序质量动态的统计资料或控制图表；⑥审核设计变更、修改图纸和技术核定书；⑦审核有关质量问题的处理报告；⑧审核有关应用新工艺、新材料、新技术、新结构的技术鉴定书；⑨审核有关工序的交接检查，分项、分部工程质量检查报告；⑩审核并签署现场有关技术签证、文件等。

二、现场质量检验

（一）现场质量检验的概念

现场质量检验就是根据一定的质量标准，借助一定的检测手段来估计工程产品、材料或设备等的性能特征或质量状况的工作。

现场质量检验工作在检验每种质量特征时，一般包括以下工作：①明确某种质量特性的标准；②量度工程产品或材料的质量特征数值或状况；③记录与整理有关的检验数据；④将量度的结果与标准进行比较；⑤对质量进行判断与估价；⑥对符合质量要求的做出安排；⑦对不符合质量要求的进行处理。

（二）现场质量检验的内容

1.开工前检查

目的是检查是否具备开工条件，开工后能否连续正常施工，能否保证工程质量。

2.工序交接检查

对于重要的工序或对工程质量有重大影响的工序，在自检、互检的基础上，还要组织专职人员进行工序交接检查。

3.隐蔽工程检查

凡是隐蔽工程均应检查认证后方能掩盖。

4.停工后复工前的检查

因处理质量问题或某种原因停工后需复工的，经检查认可后方能复工。

5.分项、分部工程的检查

分项、分部工程完工后，应经检查认可，签署验收记录后，才能进行下一工程项目施工。

6.成品保护检查

检查成品有无保护措施，或保护措施是否可靠。

此外，负责质量工作的领导和工作人员还应深入现场，对施工操作质量进行巡视检查；必要时，还应进行跟班或追踪检查。

（三）现场质量检验的作用

要保证和提高施工质量，质量检验是必不可少的手段。概括起来，质量检验的主要作用如下：①它是质量保证与质量控制的重要手段。为了保证工程质量，在质量控制中，需要将工程产品或材料、半成品等的实际质量状况（质量特性等）与规定的某一标准进行比较，以便判断其质量状况是否符合要求的标准，这就需要通过质量检验手段来检测其实际情况。②质量检验为质量分析与质量控制提供了必要的技术数据和信息，因此它是质量分析、质量控制与质量保证的基础。③通过对进场和使用的材料、半成品、构配件及其他器材、物资进行全面的质量检验，可避免因材料、物资的质量问题而导致的工程质量事故。④在施工过程中，通过对施工工序的检验取得数据，可及时判断施工质量，采取措施，防止质量问题的延续与积累。

（四）现场质量检验的方法

现场进行质量检验的方法有目测法、实测法和试验法。

1.目测法

其手段可归纳为“看、摸、敲、照”。

（1）“看”

“看”就是根据质量标准进行外观目测，如装饰工程墙、地砖铺的四角对缝是否垂直一致，砖缝宽度是否一致，是否横平竖直。又如，清水墙面是否洁净，喷涂是否密实，颜色是否均匀，内墙抹灰大面及口角是否平直，地面是否光洁平整，施工顺序是否合理，工人操作是否规范等，均可通过目测进行检查、评价。

（2）“摸”

“摸”就是手感检查，主要用于装饰工程的某些检查项目，如水刷石黏结牢固程度，油漆的光滑度，浆活是否掉粉，地面有无起砂等，均可通过“摸”加以鉴别。

（3）“敲”

“敲”是运用工具进行声感检查。对地面工程、装饰工程中的水磨石、面砖、锦砖和大理石贴面等，均应进行敲击检查，通过声音的虚实确定有无空鼓，还可根据声音的清脆和沉闷，判定属于面层空鼓或底层空鼓。此外，用手敲玻璃，如发出颤动声响，一般是因为底灰不满或压条不实。

（4）“照”

对于难以看到或光线较暗的部位，可采用镜子反射或灯光照射的方法进行检查。

2.实测法

实测法是通过实测数据、施工规范及质量标准所规定的允许偏差对照，来判别质量是否合格。实测检验法的手段可归纳为“靠、吊、量、套”四个字。

第一，“靠”是用直尺、塞尺检查墙面、地面、屋面的平整度。

第二，“吊”是采用托线板测量工具，以线坠吊线检查垂直度。

第三，“量”是用测量工具和计量仪表等检查断面尺寸、轴线、标高、湿度、温度等的偏差。

第四，“套”是指以方尺套方，辅以塞尺检查。

3.试验检验

试验检验法是指必须通过试验手段，才能对质量进行判断的检查方法。例如，对桩或地基进行静载试验，确定其承载力；对钢结构进行稳定性试验，确定其是否有失稳现象；对钢筋焊接头进行拉力试验，检验焊接的质量等。

三、质量控制统计方法

（一）排列图法

排列图法又称主次因素分析法，是找出影响工程质量因素的一种有效方法。排列图法的实施步骤如下。

①确定调查对象、调查范围、调查内容和提取数据的方法，收集一批数据（如废品率、不合格率、规格数量等）。

②整理数据，按问题或原因的频数（或点数），从大到小排列，并计算其发生频率和累计频率。

③作排列图。

④分类。通常把累计频率百分数分为三类：0%～80%为 A 类，是主要因

素；80%～90%为 B 类，是次要因素；90%～100%为 C 类，是一般因素。

需要注意的是，主要因素最好是 1～2 个，最多不超过 3 个，否则主次因素分析就失去了意义。

（二）因果分析图法

因果分析图也称特性要因图，是用来表示因果关系的。此方法是对质量问题特性有影响的重要因素进行分析和分类，通过整理、归纳、分析，查找原因，以便采取措施，解决质量问题。

要因一般可从以下几个方面来找，即人员、材料、机械设备、工艺方法和环境。

因果图画法的主要步骤如下。

①确定需要分析的质量特性，画出带箭头的主干线。

②分析造成质量问题的各种原因，逐层分析，由大到小，追查原因中的原因，直到找出具体的解决措施为止。

③按原因大小以枝线逐层标记于图上。

④找出关键原因，并标注在图上。

（三）直方图法

直方图法又称频数分布直方图法，它是将收集到的质量数据进行分组整理，绘制成频数分布直方图，用以描述质量分布状态的一种方法。因此，直方图又称质量分布图。

产品质量由于受各种因素的影响，必然会出现波动。即使用同一批材料，同一台设备，由同一操作者采用相同工艺生产，生产出来的产品质量也不会完全一致。但是，产品质量的波动有一定的范围和规律，质量分布就是指质量波动的范围和规律。

产品质量的状态是通过指标数据来反映的，质量的波动表现为数据的波动。直方图就是通过频数分布分析、研究数据的集中程度和波动范围的一种统计方法，是把收集到的产品质量的特征数据，按顺序加以整理，进行适当分组，计算每一组中数据的个数（频数），根据这些数据在坐标轴上画出矩形图（横坐标为样本的取值范围，纵坐标为频数），以此来分析质量分布的状态。

（四）控制图法

控制图法又称管理图法，是分析和控制质量分布动态的一种方法。产品的生产过程是连续不断的，因此应对产品质量的形成过程进行动态监控。控制图法就是一种对质量分布进行动态控制的方法。

1.控制图的原理

控制图是依据正态分布原理，合理控制质量特征数据的范围和规律，对质量分布动态进行监控。

2.控制图的画法

绘制控制图的关键是确定中心线和控制上下界限。但控制图有多种类型，如 $\bar{X}$（平均值）控制图、S（标准偏差）控制图、R（极差）控制图、$\bar{X}-R$（平均值一极差）控制图、P（不合格率）控制图等，每一种控制图的中心线和上下界限的确定方法不一样。为了应用方便，人们编制出各种控制图的参数计算公式，使用时只需查表，再简单计算即可。

3.控制图的分析

第一，数据分布范围分析：数据分布应在控制上下限内，若跳出控制界限，则说明质量波动过大。

第二，数据分布规律分析：数据分布就是正态分布。

（五）相关图法

相关图又称散布图。在质量控制中它是用来显示两种质量数据之间关系的一种图形。

相关图的原理及画法：将两种需要确定关系的质量数据用点标注在坐标图上，从而根据点的散布情况判别两种数据之间的关系，以便进一步弄清影响质量特征的主要因素。

（六）分层法

分层法又称分类法，是根据不同的目的和要求，按某一性质对调查收集的原始数据进行分组、整理的分析方法。分层的目的是突出各层数据间的差异，使层内的数据差异减少。在此基础上再进行层间、层内的比较分析，可以更深入地发现和认识质量问题。由于产品质量是多方面因素共同作用的结果，因而对同一批数据，可以按不同性质分层。这也有助于我们从不同角度来考虑、分析产品存在的质量问题和影响因素。

常用的分层依据有：①按操作班组或操作者分层；②按使用机械设备型号分层；③按操作方法分层；④按原材料供应单位、供应时间或等级分层；⑤按施工时间分层；⑥按检查手段、工作环境等分层。

分层法是质量控制统计分析方法中最基本的一种方法。其他统计方法一般都要与分层法配合使用。

（七）调查表法

调查表法又称统计调查分析法，它是利用专门设计的统计表收集、整理质量数据并粗略分析质量状态的一种方法。

在质量管理活动中，利用统计调查表收集数据，简便灵活，便于整理，实用有效。它没有固定格式，使用者可根据需要和具体情况，设计出不同的统计调查表。

常用的调查表有以下几种：①分项工程作业质量分布调查表；②不合格项目调查表；③不合格原因调查表；④施工质量检查评定调查表。

四、工序质量管理

工程项目的施工过程是由一系列相互关联、相互制约的工序构成的，工序质量是基础，直接影响到工程项目的整体质量。要控制工程项目施工过程的质量，必须先控制工序的质量。

工序质量包含两个方面的内容：一是工序活动条件的质量；二是工序活动效果的质量。从质量控制的角度来看，这两者是互相关联的。一方面要控制工序活动条件的质量，即每道工序投入品的质量（如人、材料、机械、方法和环境的质量）是否符合要求；另一方面要控制工序活动效果的质量，即每道工序施工完成的工程产品是否达到有关质量标准。

五、质量检查、检测手段

在施工项目质量管理过程中，常用的检查、检测手段有以下几个。

（一）日常性的检查

日常性的检查即在现场施工过程中，质量管理人员（专业工人、质检员、技术人员）对操作人员的操作情况及结果的检查和抽查。日常性的检查有助于及时发现质量问题或质量隐患、事故苗头，以便及时进行控制。

（二）测量和检测

利用测量仪器和检测设备对建筑物水平和竖向轴线标高几何尺寸、方位进行确认，对建筑结构施工的有关砂浆或混凝土强度进行检测，严格控制工程质量，发现偏差时要及时纠正。

（三）试验及见证取样

各种材料及施工试验应符合相关规范和标准的要求，诸如原材料的性能，混凝土搅拌的配合比和计量，坍落度的检查等，均须通过试验的手段进行控制。

（四）实行质量否决制度

质量检查人员和技术人员对施工中存在的问题，有权以口头方式或书面方式要求施工操作人员停工或者返工，以纠正违规行为，责令将不合格的产品推倒重做。

（五）按规定的工作程序管理

预检、隐检应有专人负责并按规定检查，进行记录，第一次使用的混凝土配合比要进行开盘鉴定，混凝土浇筑应经申请和批准，完成的分项工程质量要进行实测实量的检验、评定等。

六、成品保护措施

在施工过程中，有些分项、分部工程已经完成，其他工程尚在施工，或者某些部位已经完成，其他部位正在施工，如果对成品不采取完善的措施加以保护，就会对这些成品造成损伤，影响质量。这样，不仅会增加修补工作量、浪费工料、拖延工期，而且有的损伤难以恢复到原样，会成为永久性缺陷。因此，做好成品保护，有助于确保工程质量，降低工程成本，按期竣工。

第一，要培养全体职工的质量观念，对国家、人民负责，自觉爱护公物，尊重他人的劳动成果，在施工操作时爱惜成品。

第二，要合理安排施工顺序，采取行之有效的成品保护措施。

（一）施工顺序与成品保护

合理地安排施工顺序，按正确的施工流程组织施工，是进行成品保护的有效途径之一。

第一，遵循“先地下后地上”“先深后浅”的施工顺序，这有利于保护地下管网和道路路面。

第二，地下管道与基础工程相配合进行施工，可避免基础完工后再打洞挖槽，安装管道，影响施工质量和进度。

第三，先完成房心回填土施工，再做基础防潮层，则可保护防潮层不受填土夯实损伤。

第四，装饰工程采取自上而下的流水顺序，可以使房屋主体工程完成后，有一定沉降期；先做好屋面防水层，可防止雨水渗漏。这些都有利于保证装饰工程质量。

第五，先做地面，后做顶棚、墙面抹灰，可以保护下层顶棚、墙面抹灰不受渗水污染；但在已做好的地面上施工，须对地面加以保护。若先做顶棚、墙面抹灰，后做地面，则要求楼板灌缝密实，以免漏水污染墙面。

第六，楼梯间和踏步饰面，宜在整个饰面工程完成后，再自上而下地进行；门窗扇的安装通常在抹灰后进行；一般先油漆，后安装玻璃。按照这些施工顺序进行施工都是有利于成品保护的。

第七，当采用单排外脚手架砌墙时，由于砖墙上面有脚手架洞眼，故一般情况下，内墙抹灰须待同一层外粉刷完成、脚手架拆除、洞眼填补后，才能进行，以免影响内墙抹灰的质量。

第八，先喷浆再安装灯具，可避免污染灯具。

第九，当铺贴连续多跨的卷材防水屋面时，应按先高跨后低跨，先远（离交通进出口）后近，先天窗油漆、玻璃后铺贴卷材屋面的顺序进行。这样就不用在铺好的卷材屋面上行走或在其上堆放材料、工具等，有利于保证屋面的质量。

以上示例说明，只有合理安排施工顺序，才能有效地保护成品的质量，也才能有效地防止后一道工序损伤或污染前一道工序。

（二）成品保护的措施

成品保护的主要措施有“护、包、盖、封”。

1.“护”

“护”就是提前保护，以防止成品可能发生的损伤和污染。例如，为了防止清水墙面污染，在脚手架、安全网横杆、进料口四周提前钉上塑料布或纸板；清水墙楼梯踏步采用护棱角铁上下连通固定；门口，在推车容易碰到的部位，可根据车轴的高度钉上防护条或槽形盖铁；进出口台阶应垫砖或方木，搭脚手板，供人通行；外檐水刷石大角或柱子要用立板固定保护；门扇安好后要加楔固定等。

2.“包”

“包”就是进行包裹，以防止成品被损伤或污染。例如，大理石或高级水磨石块柱子贴好后，应用立板包裹捆扎；楼梯扶手易污染变色，涂刷油漆前应裹纸保护；铝合金门窗应用塑料布包扎；炉片管道污染后不好清理，应包纸保护；电气开关、插座、灯具等设备也应进行包裹处理，防止喷浆时污染等。

3.“盖”

“盖”就是表面覆盖，防止堵塞损坏。例如，预制水磨石、大理石楼梯应用木板、加气板等覆盖，以防操作人员踩踏和物体磕碰；水泥地面、现浇或预制水磨石地面，应铺干锯末保护；高级水磨石地面或大理石地面，应用苫布或棉毡覆盖；落水口、排水管安好后要加以覆盖，以防堵塞；其他需要防晒防冻、保温养护的项目，也要采取适当的覆盖措施。

4.“封”

“封”就是局部封闭。例如，预制磨石楼梯、水泥抹面楼梯施工后，应将楼梯口暂时封闭，待达到上人强度并采取保护措施后再开放；室内塑料墙纸、木地板油漆完成后，均应立即锁门；屋面防水做好后，应封闭上屋面的楼梯门或出入口；室内抹灰或浆活交活后，为调节室内温湿度，应有专人开关外窗等。

总之，在工程项目施工中，必须充分重视成品保护工作。道理很简单，哪怕生产出来的产品是优质品、上等品，如果保护不好，遭受损坏或污染，那也将会成为次品、废品。

第六章　建筑工程进度控制

建筑工程进度控制是指针对工程项目建设各阶段的工作内容、工作程序、持续时间和衔接关系，根据进度总目标及资源优化配置的原则编制计划并付诸实施，然后在进度计划的实施过程中经常检查实际进度是否按计划要求进行，对出现的偏差情况进行分析，采取补救措施或调整、修改原计划后再付诸实施，如此循环，直到建筑工程竣工验收交付使用。本章主要介绍建筑工程进度控制的基本理论，并对建筑工程进度控制的重点阶段（设计阶段和施工阶段）进行了深入探讨。建筑工程进度控制的最终目的是实现工程的进度目标。

第一节　建筑工程进度控制概述

一、建筑工程进度控制的目标与原则

建筑工程进度控制的目的是在保证工程项目按合同工期竣工、工程质量满足质量要求的前提下，使工程项目符合资源配置合理、投资符合控制目标等基本要求，实现工程进度整体最优化，进而获得最多的经济效益。因此，工程进度控制是建筑工程管理工作的重要一环。

（一）建筑工程进度控制的目标

建筑工程进度控制是一种目标控制。具体来说，建筑工程进度控制是指在限定的工期内，以事先拟定的合理且经济的工程进度计划为依据，对整个工程建设过程进行监督、检查、指导和纠正的行为。工期是指从开始到竣工的一系列施工活动所需的时间。

建筑工程进度控制的目标包括以下几个。

①总进度计划要求实现的总工期目标。

②各分进度计划（采购、设计、施工等）或子项进度计划要求实现的工期目标。

③各阶段进度计划要求实现的里程碑目标。

对计划进度目标与实际进度完成目标进行比较，可以找出偏差及其原因，采取措施进行调整，从而实现对项目进度的控制。建筑工程进度控制是一个运用进度控制系统控制工程建设进度的动态循环过程。建筑工程进度控制在一定程度上能加快施工进度，从而达到降低费用的目的。而超过某一临界值，施工进度加快反而会导致投入费用的增加。因此，对建筑工程的三大目标（质量、投资、进度）进行控制时应互相兼顾，单纯地追求速度会适得其反。也就是说，对建筑工程项目进度计划及进度目标要进行全面控制，这是实现投资目标和质量目标的根本保证，也是履行工程承包合同的重要内容。

（二）建筑工程进度控制的原则

建筑工程进度控制的原则有以下几个。

1.遵守合同原则

建筑工程进度控制的依据是建筑工程施工合同所约定的工期目标。

2.确保质量和安全原则

在确保建筑工程质量和安全的前提下，控制进度。

3.目标、责任分解原则

建筑工程进度控制中必须制定详细的进度控制目标，对总进度计划目标进行必要的分解，确保进度控制责任落实到各参建单位、各职能部门。

4.动态控制原则

采用动态的控制方法，随时检查工程进度情况，及时掌握工程进度信息，并进行统计分析，对工程进度进行动态控制。

5.主动控制原则

监督施工单位按时提供进度计划，并严格审批，体现监理单位对工程进度的预先控制和主动控制。

6.反索赔原则

监理要重视对合同的理解，加深对工程进度的认识，尽量避免工程延期，或使工程延期可能造成的损失降到最低。

二、建筑工程进度控制的方式及要求

（一）建筑工程进度控制的方式

1.事前控制

第一，分析进度滞后的风险所在，尽早提出相应的预防措施。根据以往工程建设的经验，造成进度滞后的风险主要包括以下方面：①设计单位出图速度慢；设计变更不能及时确认。②装修方案和装修材料久议不决。③设备订货到货晚。④分包商与总包方配合不力导致扯皮现象。⑤承包单位人力不足。⑥进场材料不合格造成退货。⑦施工质量不合格造成返工等。

第二，认真审核承包单位提交的工程施工总进度计划。

第三，分析所报送的进度计划的合理性和可行性，提出审核意见，由总负责人批准执行。监理工程师应结合本项目的工程条件，即工程规模、质量目标、工艺的繁简程度、现场条件、施工设备配置情况、管理体系及作业人员的素质水平，全面分析其承包商编制的施工进度计划的合理性和可行性。

事前控制阶段需要重点审查的内容包括以下几方面。

①进度计划安排是否符合工程项目建设总工期的要求，是否符合施工承包合同中开、竣工日期的规定。

②周、月、季进度计划是否与总进度计划中总目标的要求一致。

③施工顺序的安排是否符合工序的要求。

④劳动力、材料、构配件、工器具、设备的供应计划和配置能否满足进度计划的需求，能否保证均衡、连续地生产，需求高峰期时能否有足够的资源满足供应。

⑤施工进度安排与设计图纸供应是否一致。

⑥业主提供的条件（如场地、市政等）以及由其供应或加工订货的原材料和设备，特别是进口设备的到货期与进度计划能否衔接。

⑦总（分）包单位分别编制的分部、分项工程进度计划之间是否协调，专业分工和计划衔接是否能满足合理工序搭接的要求。

⑧进度计划是否有因业主违约而导致索赔的可能性。

⑨监理工程师审查中如发现施工进度计划存在问题，应及时向总承包商提出书面修改意见，其中的重大问题应及时向业主汇报。

⑩编制和实施施工进度计划是承包商的责任，监理工程师对施工进度计划的审查和批准并不能解除总承包商对施工进度计划应负的任何责任和义务。

2.事中控制

第一，认真审核承包单位编制的周、月、季进度计划。

第二，监理例会每周都要检查进度情况，将实际进度与计划进度进行比较，及时发现问题。对滞后的工作，分析原因，找出对策，并调整工序进行弥补，尽量保证总工期不受影响。

第三，积极协调各有关方面的工作，减少工程中的内耗，提高工作效率。

第四，监理工程师积极配合承包单位的工作，及时到工地检查和签认，无特殊原因，不能因个人原因影响施工的正常进行。

3.事后控制

第一，根据工程进展的实际情况，适时调整局部的进度计划，使其更加合理，更具可操作性。

第二，当发现实际进度滞后于计划进度时，立即签发监理工程师通知单，指令承包单位采取调整措施。对承包单位因人为原因造成的进度滞后，应督促其采取措施纠偏，若此延误无法消除，则其后的周及月进度计划均须进行相应调整。

第三，对由于资金、材料设备、人员组织不到位导致的工期滞后，在监理例会上进行协调，并由责任单位采取措施解决。

第四，如非承包单位自身原因导致的延误，监理工程师应对进度计划进行优化调整，如确实是无法消除的延误，总监应在与业主协商后，审核批准工程延期，并相应调整其他事项的时间与安排，避免引起工程使用单位的索赔。

（二）建筑工程进度控制的要求

在建筑工程项目施工过程中，不同时间、不同施工阶段对工程进度控制的要求也不同。具体来说，建筑工程进度控制的总体要求有以下几项。

1.突出关键线路

将抓关键线路作为最基本的工作方法，作为组织管理的基本点，并以此作为各项工作的重心。建筑工程可以分解为土方及地基加固、钢筋混凝土结构、设备安装工程及装修工程等，在具体的施工过程中，要抓住每一项工程的关键点进行施工，突出关键线路，这是建筑工程进度控制的基本要求。

2.加强配置生产要素管理

配置生产要素包括劳动力、资金、材料、设备等，在对这些要素进行管理时，要对其进行存量、流量、流向的调查、汇总、分析、预测和控制。合理地配置生产要素是提高施工效率、增强管理效能的有效途径，也是网络节点动态控制的核心和关键。在动态控制中，必须高度重视整个工程建设系统内、外部条件的变化，及时跟踪现场主、客观条件的发展变化，掌握人、材、机械、工程的进展状况，不断分析和预测各工序资源需要量与资源总量以及实际工程的进展状况，分析各工序资源需要量与资源总量以及实际投入量之间的矛盾，规范投入方向，采取调整措施，确保工期目标的实现。

3.严格工序控制

掌握现场施工的实际情况，记录各工序的开始日期、工作进程和结束日期，其作用是为进度计划的检查、分析、调整、总结提供原始资料。因此，严格工序控制有三个基本要求：一是要跟踪记录；二是要如实记录：三是要借助图表形成记录文件。

三、建筑工程进度控制的任务、程序及措施

（一）建筑工程进度控制的任务

建筑工程进度控制的主要任务有以下几项。

第一，编制施工总进度计划并控制其执行，按期完成整个施工项目的施工任务。

第二，编制单位工程施工进度计划并控制其执行，按期完成单位工程的施工任务。

第三，编制分部分项工程施工进度计划并控制其执行，按期完成分部分项工程的施工任务。

第四，编制季度、月（旬）进度计划并控制其执行，完成规定的目标等。

（二）建筑工程进度控制的程序

项目监理机构应按下列程序进行工程进度控制。

第一，总监理工程师审批承包单位报送的施工总进度计划。

第二，总监理工程师审批承包单位编制的年、季、月度施工进度计划。

第三，专业监理工程师对进度计划实施情况进行检查、分析。

第四，当实际进度符合计划进度时，应要求承包单位编制下一期进度计划；当实际进度滞后于计划进度时，专业监理工程师应书面通知承包单位采取纠偏措施并监督实施。

（三）建筑工程进度控制的措施

建筑工程进度控制的措施包括组织措施、技术措施、经济措施、合同措施和信息管理措施等。

1.组织措施

①明确项目监理机构中进度控制部门的人员具体负责的任务和所承担的职责。

②进行项目分解（如按项目结构分解、按项目进展阶段分解、按合同结构分解），并建立编码体系。

③确定进度协调工作制度，包括协调会议举行的时间，协调会议的参加人员等。

④分析影响进度目标的干扰因素和风险。风险分析要有依据，主要是根据统计资料，对各种影响因素带来的风险及其造成的损失进行预测，并考虑有关项目审批部门对进度的影响等。

2.技术措施

①审查承包商提交的进度计划，使承包商能在合理的状态下施工。

②编制进度控制工作细则，指导监理人员实施进度控制。

③采用网络技术及其他科学、有效的控制方法，并结合计算机技术，对建筑工程进度实施动态控制。

3.经济措施

①及时办理工程预付款及工程进度款支付手续。

②对应急赶工给予优厚的赶工费用。

③对工期提前给予奖励。

④对工程延误收取误期损失赔偿金。

4.合同措施

①加强合同管理，协调合同工期与进度计划的关系，保证合同中进度目标的实现。

②严格控制合同变更，对各方提出的工程变更和设计变更，监理工程师应严格审查后再补入合同文件之中。

③加强风险管理，在合同中应充分考虑各干扰因素对进度的影响，事先准备相应的处理方法。

④加强索赔管理，公正地处理索赔诉求。

5.信息管理措施

主要是通过计划进度与实际进度的动态比较，定期向建设单位提供比较报告等。

第二节　建筑工程设计阶段的进度控制

一、建筑工程设计阶段进度控制的重要性

建筑工程设计阶段的进度控制是建筑工程进度控制的重要内容。建筑工程进度控制的目标是保证工程在确定的工期内完成，而工程设计作为工程项目整体建设的一个重要环节，其设计周期又是建设工期的组成部分。因此，为了实现建筑工程进度总目标，就必须对设计进度进行控制。

设计进度控制是施工进度控制的前提。在建筑工程施工过程中，必须先有

设计图纸，然后才能按图施工。只有及时供应图纸，才可能保证正常的施工进度，否则，设计就会拖施工的后腿。

设计进度控制是设备和材料供应进度控制的前提。建筑工程所需要的设备和材料数量是根据设计图纸得来的。设计单位必须列出设备清单，以便施工单位进行加工订货或购买。由于设备制造需要一定的时间，因此必须控制设计工作的进度，这样才能保证设备的供应，材料的加工和购买也是如此。

二、建筑工程设计阶段进度控制的目标

建筑工程设计阶段进度控制的最终目标是按质、按量、按时间要求提供施工图设计文件。确定建筑工程设计进度控制总目标时，其主要依据有：建筑工程总进度目标对设计周期的要求，设计周期定额，类似工程项目的设计进度，工程项目的技术先进程度等。

为了有效地控制设计进度，还需要将建筑工程设计进度控制总目标按设计进展阶段和专业进行分解，从而形成设计阶段进度控制目标体系。

简单来说，建筑工程设计主要包括设计准备、初步设计、技术设计、施工图设计等阶段，为了确保设计进度控制总目标的实现，应明确每一阶段的进度控制目标。

（一）设计准备阶段的目标

设计准备阶段的工作内容主要包括：确定规划设计条件、提供设计基础资料以及委托设计等，它们都应有明确的时间目标。设计工作能否顺利进行，以及能否缩短设计周期，与设计准备阶段时间目标的实现关系极大。设计准备阶段的工作步骤如下。

①确定规划设计条件。

②提供设计基础资料。

③选定设计单位、商议签订设计合同。

（二）初步设计阶段的目标

初步设计阶段的工作是根据建设单位提供的设计基础资料进行的。初步设计和总概算经批准后，便可作为确定建设项目投资额、编制固定资产投资计划、签订总包合同及贷款合同、实行投资包干、控制建筑工程拨款、组织主要设备订货、进行施工准备及编制技术设计（或施工图设计）文件等的主要依据。

（三）技术设计阶段的目标

技术设计是根据初步设计文件进行编制的，技术设计和修正总概算经批准后，便成为建筑工程拨款和编制施工图设计文件的依据。为了确保工程建设进度总目标的实现，保证工程设计质量，应根据建筑工程的具体情况，确定合理的初步设计和技术设计周期。该时间目标中，除要考虑设计工作本身及进行设计分析和评审所花的时间外，还应考虑设计文件的报批时间。

（四）施工图设计阶段的目标

施工图设计主要是根据批准的初步设计文件（或技术设计文件）和主要设备订货情况进行编制的，它是工程施工的主要依据。

三、建筑工程设计阶段影响进度控制的因素

建筑工程设计工作属于多专业协作配合的智力劳动，在工程设计过程中，影响其进度的因素有很多，归纳起来，主要有以下几个方面。

（一）建设意图及要求的改变

建筑工程设计是本着业主的建设意图和要求而进行的，所有的工程设计必然是业主意图的体现。因此，在设计过程中，如果业主改变其建设意图和要求，就会引起设计单位的设计变更，这必然会对设计进度造成影响。

（二）设计审批时间

建筑工程设计是分阶段进行的，如果前一阶段（如初步设计）的设计文件不能顺利得到批准，必然会影响到下一阶段（如施工图设计）的设计进度。因此，设计审批时间的长短，在一定程度上也会影响设计进度。

（三）设计各专业之间的协调配合

如前所述，建筑工程设计是一个多专业、多方面协调合作的复杂过程，如果业主、设计单位、监理单位等各单位之间，以及土建、电气、暖通等各专业之间没有良好的协作关系，必然会影响建筑工程设计工作的顺利进行。

（四）工程变更

当建筑工程采用快速路径施工管理方法进行分段设计、分段施工时，如果在已施工的部分发现一些问题而必须进行工程变更，则也会影响设计工作的进度。

（五）材料代用、设备选用失误

材料代用、设备选用的失误将会导致原有工程设计失效，而必须重新进行设计，这也会影响设计工作的进度。

四、建筑工程设计阶段进度控制的内容

（一）设计单位的进度控制

为了履行设计合同，按期提交施工图设计文件，设计单位应采取有效措施，控制建筑工程设计进度。主要措施如下。

①建立计划部门，负责设计单位年度计划的编制和工程项目设计进度计划的编制。

②建立健全设计技术经济定额，并按定额要求进行计划的编制与考核。

③实行设计工作技术经济责任制，将职工的经济利益与其完成任务的数量和质量挂钩。

④编制切实可行的设计总进度计划、阶段性设计进度计划和设计进度作业计划。在编制计划时，加强与业主、监理单位、科研单位及承包商的协作与配合，使设计进度计划合理、可靠。

⑤认真实施设计进度计划，力争设计工作有节奏、有秩序地进行。在执行计划时，要定期检查计划的执行情况，并及时对设计进度进行调整，使设计工作始终处于可控状态。

⑥坚持按基本建设程序办事，尽量避免进行“边设计、边准备、边施工”的“三边”设计。

⑦不断分析和总结设计阶段进度控制工作经验，逐步提高设计阶段进度控制工作水平。

（二）监理单位的进度监控

监理单位受业主的委托进行工程设计监理时，应确定项目监理班子中专门负责设计进度控制的人员，命其按合同要求对设计工作进度进行严格监控。对于设计进度的监控应进行动态控制。在设计工作开始之前，首先应由监理工程师审查设计单位编制的进度计划的合理性和可行性。在进度计划实施过程中，监理工程师应定期检查设计工作的实际完成情况，并与计划进度进行比较分析。一旦发现偏差，就应在分析原因的基础上提出纠偏措施，以保证设计工作准确、合理。必要时，应对原进度计划进行调整或修订。在设计阶段的进度控制中，监理工程师要对设计单位填写的设计图纸进度表进行核查分析，并提出自己的见解，从而将各设计阶段每一张图纸（包括其相应的设计文件）的设计进度都纳入监控之中。

第三节　建筑工程施工阶段的进度控制

施工阶段是建筑工程实体形成的阶段，对其进度实施控制是建筑工程进度控制的重点。做好施工进度计划与项目建设总进度的衔接，并跟踪检查施工进度计划的执行情况，在必要时对施工进度计划进行调整，对于建筑工程进度控制总目标的实现具有十分重要的意义。

一、建筑工程施工阶段进度控制的目标、流程及内容

（一）建筑工程施工阶段进度控制的目标

按施工合同规定的施工工期进行施工，是工程建设项目施工阶段进度控制的最终目标。为了完成施工工期总目标，可以采用目标分解法，将施工阶段总工期目标分解为不同形式的分目标，这些目标构成了工程建设施工阶段进度控制的目标体系。

1.按建设项目组成

按建设项目组成可分为各单项工程的工期目标、各单位工程的工期目标及各分部分项工程的工期目标，并以此编制工程建设项目施工阶段的总进度计划、单项工程施工进度计划、单位工程施工进度计划和各分部分项工程施工的作业计划。

2.按工程项目施工承包方

按工程项目施工承包方可分为总包方的施工工期目标、各分包方的施工工期目标，并以此编制工程项目总包方的施工总进度计划和各分包方的项目施工进度计划。

3.按工程施工阶段

按工程施工阶段可分为基础工程施工进度目标、结构工程施工进度目标、砌筑工程施工进度目标、屋面工程施工进度目标、楼地面工程施工进度目标、装饰工程施工进度目标及其他工程施工进度目标，并以此分别编制各施工阶段的施工进度计划。

4.按计划期

按计划期可分为年度施工进度目标、季度施工进度目标、月度施工进度目标，并以此编制工程项目施工年度进度计划、工程项目施工的季度、月度施工进度计划。

另外，确定施工阶段进度控制目标时应注意以下事项。

①对大型工程建设项目，要保证提前动用项目尽早完成，以尽快实现工程的效益。

②合理安排土建工程与安装工程施工，以保证工程项目配套完成。

③应结合工程项目的特点及施工难度，采取适当的措施，保证重点项目施工进度目标的实现。

④应结合资金供应计划、原材料及设备供应计划，协调施工项目的目标工期。

⑤施工外部条件与施工进度目标要协调。

（二）建筑工程施工阶段进度控制的流程

第一，项目经理部根据施工合同的要求确定施工进度目标，明确计划开工日期、计划总工期和计划竣工日期，确定项目分期、分批的开工和竣工日期。

第二，编制施工进度计划，具体安排实现计划目标的工序关系、组织关系、搭接关系、起止时间、劳动力计划、材料计划、机械计划及其他保证性计划。分包人负责根据项目施工进度计划编制分包工程施工进度计划。

第三，承包单位向监理工程师提出开工申请报告，按监理工程师确定的日期开工。

第四，实施施工进度计划。项目经理部应通过施工部署、组织协调、生产调度和指挥、改善施工程序和方法的决策等，应用技术、经济和管理手段对建筑工程项目进行有效的进度控制。项目经理部首先要建立进度实施、控制的科学组织系统和严密的工作制度，然后依据施工项目进度控制目标体系，对施工的全过程进行系统控制。在正常情况下，进度控制系统应发挥监测、分析作用并循环运行，即随着施工活动的进行，进度控制系统会不断地将施工实际进度信息按信息流动程序反馈给进度控制者，经过统计整理、比较分析后，确认进度无偏差，则系统继续运行；一旦发现实际进度与计划进度有偏差，系统将发挥调控职能，分析偏差产生的原因，及对后续施工和总工期的影响。必要时，可对原进度计划做出相应的调整，提出纠正偏差的方案和方案实施的技术、经济、合同保证措施，以及取得相关单位支持与配合的协调措施，确认切实可行后，将调整后的新进度计划输入到进度控制系统，施工活动继续在新的控制系统下运行。当新的偏差出现后，再重复上述过程，直到项目施工全部完成。进度控制系统也可以处理由于合同变更而需要进行的进度调整。

第五，任务全部完成后，进行进度控制总结并编写进度控制报告。

（三）建筑工程施工阶段进度控制的内容

建筑工程施工阶段进度控制的内容主要是编制施工进度控制工作细则。施工进度控制工作细则是在建筑工程监理规划的指导下，由项目监理班子中进度控制部门的监理工程师负责编制的更具有实施性和操作性的监理业务文件。其主要内容包括以下方面。

①施工进度控制目标分解图。

②施工进度控制的主要工作内容和深度。

③进度控制人员的职责分工。

④与进度控制有关的各项工作的时间安排及工作流程。

⑤进度控制的方法，包括进度检查周期、数据采集方式、进度报表格式、统计分析方法等。

⑥进度控制的具体措施，包括组织措施、技术措施、经济措施及合同措施等。

⑦施工进度控制目标实现的风险分析。

⑧尚待解决的有关问题。

二、建筑工程施工阶段影响进度的因素

（一）工程建设相关单位的影响

影响工程建设施工进度的单位有业主，承包方，监理单位，材料设备供应商，资金供应单位，运输单位，供水、供电、供气单位，以及政府建设主管部门等单位，其需要完成的有关建设项目的工作进度对工程建设进度都将产生直接或间接的影响。

（二）物资供应对进度的影响

施工过程中所需要的各种材料、设备的供货时间和供货质量对工程建设进度也会产生影响。

（三）建设资金对进度的影响

建设资金是保证工程建设进度的重要条件，资金的拨款和贷款的进度是保障工程建设进度的重要环节。业主必须严格按照建设进度按时供应建设资金，以保证施工进度计划的实施。

（四）施工条件对进度的影响

施工条件对施工进度也会产生重要的影响。为了保证施工进度计划的完成，建设各方都应当严格控制施工条件。

（五）其他

①严格控制施工过程中的各种风险因素的发生，并采取相应措施防止风险因素对施工进度的影响或尽量减少因风险造成的损失。

②提高参与工程建设各方的计划管理水平，各方在计划实施过程中应当相互配合和合作，以保证计划目标的实现。

三、建筑工程施工阶段的施工进度计划

（一）施工进度计划的编制

1.项目施工总进度计划的编制

建筑工程项目施工总进度计划编制的依据是施工总体方案、资源供应条件、各类定额资料、合同文件、工程建设总进度计划、建设地区自然条件及有关技术经济资料等。施工总进度计划的编制步骤如下。

（1）计算工程量

计算工程量的主要依据有：投资工程量、劳动量及材料消耗扩大指标；概

算指标和结构扩大定额；已建成建筑物、构筑物的资料。计算出的工程量应当列入工程量计算表中。

（2）确定各单位工程的施工期限

各个单位工程施工期限应当根据施工合同工期、建筑类型、结构特征、施工方法、施工管理水平、施工机械化程度及施工现场条件，参照类似单位工程施工工期和定额工期来确定。

（3）确定各单位工程开、竣工时间和相互搭接关系

确定各单位工程开、竣工时间和相互搭接关系时应当注意下列问题：同一时期安排的工程不宜过多，避免人力、物力过于分散；应尽量做到均衡施工，避免资源过度消耗；应尽量提前建设可供施工期间使用的永久工程，以减少临时设施费用；关键工程应当先施工，以保证目标工期实现；施工顺序安排应与项目投产的先后次序一致，以保证工程配套设施提前投入使用；注意施工季节对施工顺序的影响，避免工期延误；适当考虑安排一些辅助性项目，以协调施工进度；合理安排主要工程和施工机械，尽量保证连续施工。

（4）编制初步施工总进度计划

编制初步施工总进度计划时应当充分考虑施工流水作业。初步施工总进度计划可以用横道图和网络图表示。

（5）编制正式的施工总进度计划

对初步施工总进度计划进行优化，并进行适当调整，获得正式的施工总进度计划。将正式的施工总进度计划作为编制劳动力、物资、资金等建设资源的供应计划和使用计划的依据。

2.单位工程施工进度计划的编制

单位工程施工进度计划是在既定施工方案的基础上，根据规定的工期和各种资源供应条件，对单位工程中的各分部分项工程的施工顺序、施工起止时间及衔接关系进行合理安排的计划。其编制程序和方法如下。

（1）划分工作项目

工作项目是包括一定工作内容的施工过程，它是施工进度计划的基本组

成单元。工作项目内容的多少，划分的粗细程度，应该由实际工程的需要来决定。

（2）确定施工顺序

确定施工顺序是为了按照施工的技术规律和合理的组织关系，解决各工作项目之间在时间上的先后和搭接问题，以达到保证质量、安全施工、充分利用空间、争取时间、实现合理安排工期的目的。

一般说来，施工顺序受施工工艺和施工组织两方面的制约。当施工方案确定之后，工作项目之间的工艺关系也就随之确定。如果违背这种关系，则不可能顺利施工，还可能导致工程质量事故和安全事故，造成资源浪费。

工程项目之间的组织关系是在组织和安排劳动力、施工机械、材料和构配件等资源时形成的。它不是由工程本身决定的，而是一种人为的关系。组织方式不同，组织关系也就不同。不同的组织关系会产生不同的经济效果，应积极调整组织关系，并使工艺关系和组织关系有机地结合起来，在工程项目之间形成合理的顺序关系。

（3）计算工程量

工程量的计算应根据施工图和工程量计算规则，针对所划分的每一个工程项目进行。当编制施工进度计划时已有预算文件，且工程项目的划分与施工进度计划一致时，可以直接套用施工预算的工程量，不必重新计算。若某些项目有出入，但出入不大，则应结合工程的实际情况进行某些必要的调整。

（4）绘制施工进度计划图

施工进度计划图有横道图和网络图两种。横道图比较简单，而且非常直观，多年来被人们广泛地用于表示施工进度计划，并以此作为控制工程进度的主要依据。但是，采用横道图控制工程进度具有一定的局限性。随着互联网技术的发展，通过网络绘制施工进度计划图日益受到人们的青睐，其中最具有代表性的是建筑信息模型。

（5）施工进度计划的检查与调整

当施工进度计划初始方案编制好后，需要对其进行检查与调整，以便使进度计划更加合理。

施工进度计划检查的主要内容如下。

①各工程项目的施工顺序、平行搭接是否合理。

②总工期是否符合合同规定。

③主要工种的工人是否能满足连续、均衡施工的要求。

④主要机具、材料等的利用是否均衡和充分。

（二）施工进度的动态检查

在施工进度计划的实施过程中，由于受各种因素的影响，原始计划常常会被打乱进而出现进度偏差。因此，监理工程师必须对施工进度计划的执行情况进行动态检查，并分析产生进度偏差的原因，以便为施工进度计划的调整提供必要的参考。

在建筑工程施工过程中，监理工程师可以通过以下方式获得其实际进展情况。

第一，定期地、经常地收集由承包单位提交的有关进度报表资料。工程施工进度报表资料不仅是监理工程师实施进度控制的依据，同时也是其核对工程进度款的依据。在一般情况下，进度报表格式由监理单位提供给施工承包单位，施工承包单位按时填写完后提交给监理工程师核查。报表的内容根据施工对象及承包方式的不同而有所区别，但一般应包括工作的开始时间、完成时间、持续时间、逻辑关系、实物工程量和工作量，以及工作时差的利用情况等。承包单位若能准确地填报进度报表，监理工程师就能从中了解到建筑工程的实际进展情况。

第二，由驻地监理人员现场跟踪检查建筑工程的实际进展情况。为了避免施工承包单位超报已完工程量，驻地监理人员有必要进行现场实地检查和监督。至于每隔多长时间检查一次，应视建筑工程的类型、规模、监理范围及施工现场的条件等多方面的因素而定。可以每月或每半月检查一次，也可以每旬或每周检查一次。如果在某一施工阶段出现不利情况，甚至需要每天检查。除上述两种方式外，由监理工程师定期组织现场施工负责人召开现场会议，也是获得建筑工程实际进展情况的一种方式，通过这种面对面的交谈，监理工程师可以从中了解到施工过程中的潜在问题，以便及时采取相应的措施加以预防。

施工进度检查的主要方法是对比法，即将经过整理的实际进度数据与计划进度数据进行比较，从中发现是否出现进度偏差以及进度偏差的大小。

检查分析后，如果进度偏差比较小，应在分析其产生原因的基础上采取有效措施，解决矛盾，排除障碍，继续执行原进度计划。如果经过努力，确实不能按原计划进行施工时，再考虑对原计划进行必要的调整，即适当延长工期，或改变施工速度。计划的调整一般是不可避免的，但应当慎重，尽量减少计划的调整。

（三）施工进度计划的调整

通过检查分析，如果发现原有进度计划已不能适应实际情况，为了确保进度控制目标的实现或需要确定新的计划目标，就必须对原有进度计划进行调整，以形成新的进度计划，作为进度控制的新依据。施工进度计划的调整方法主要有两种：一是通过压缩关键工作的持续时间来缩短工期；二是通过组织搭接作业或平行作业来缩短工期。在实际工作中应根据具体情况选用上述方法进行进度计划的调整。在压缩关键工作的持续时间时，通常需要采取一定的措施来达到目的。具体措施包括以下几种。

1.组织措施

①增加工作面，组织更多的施工队伍。

②增加每天的施工时间（如采用三班制等）。

③增加劳动力和施工机械的数量。

2.技术措施

①改进施工工艺和施工技术，缩短工艺技术间歇时间。

②采用更先进的施工方法，以减少现场施工的工作量（如将现浇框架方案改为预制装配方案）。

③采用更先进的施工机械。

3.经济措施

①实行包干奖励。

②提高奖金数额。

③对所采取的技术措施给予相应的经济补偿。

4.其他配套措施

①改善外部配合条件。

②改善劳动条件。

③实施强有力的调度等。

一般来说，不管采取哪种措施，都会增加费用。因此，在调整施工进度计划时，应利用费用优化的原理选择费用增加量最少的关键工作作为压缩对象。

组织搭接作业或平行作业来缩短工期这种方法的特点是不改变工作的持续时间，而只改变工作的开始时间和完成时间。

四、建筑工程施工阶段的工程延误

发生工程延误事件，不仅影响工程的进展，还会给业主带来损失，因此监理工程师应做好以下工作，以减少或避免工程延误事件的发生。

在工程施工过程中，工程延误有两种情况：工程延期和工期延误。两者都是使工期拖延，但性质不同，承发包各方的责任不同，处理方式也有所不同。

（一）工程延期

1.工程延期的条件

由于以下原因造成的工期拖延，承包人有权提出延长工期的申请，监理工程师应按合同的规定批准其工期延长时间：①监理工程师发出的工程变更指令导致工程量增加；②合同中涉及的任何有可能造成工程延期的原因；③不可预见的因素干扰；④除承包方以外的原因引起的工程延期。

2.工程延期的审批程序

工程延期的审批程序如下：工程延期事件的发生→承包人提出意向通知→监理工程师核实→承包人提出详情报告→作出临时延期的决定→承包人最终提出工程延期申请报告→监理工程师审查批准工程延期。

3.工程延期的审批原则

监理工程师在审批工程延期时应当坚持的审批原则是：坚持合同有关工程延期规定的条件；只有当延期的事件发生在关键线路上的关键工作，才批准工程延期；已批准的工程延期必须符合实际情况。

4.工程延期的控制

监理工程师应当严格控制工程延期事件的发生，以减少业主的损失。控制的方法是：合理选择开工指令发出的时机；协助业主履行合同规定的职责；妥善处理工程延期事件。

（二）工期延误

工期延误是由于承包人自身的原因造成的，监理工程师必须严格控制工期延误。对工期延误常用的制约方式有：停止付款；追究工期延误的误期损失；终止对承包方的雇佣，并追究承包人给业主造成的经济损失。

当承包单位提出的工程延期要求符合施工合同文件的规定条件时，项目监理机构应予以受理。

当影响工期的事件具有持续性时，项目监理机构可以在收到承包单位提交的阶段性工程延期申请表并经过审查后，先由总监理工程师签署工程临时延期审批表并通报建设单位。当承包单位提交最终的工程延期申请表后，项目监理机构应复查工程延期及临时延期情况，并由总监理工程师签署工程最终延期审批表。

项目监理机构在作出临时工程延期批准或最终的工程延期批准之前，均应与建设单位和承包单位进行协商。

项目监理机构在审查工程延期条件时，应根据下列情况确定批准工程延期的时间：①施工合同中有关工程延期的约定；②工期拖延和影响工期事件的事实和程度；③影响工期事件对工期影响的量化程度；④工程延期造成承包单位提出费用索赔时，项目监理机构应按规定处理。

当承包单位未能按照施工合同要求的工期竣工交付造成工期延误时，项目监理机构应按施工合同规定，从承包单位应得款项中扣除误期损害赔偿费。

五、建筑工程施工阶段的物资供应进度控制

（一）物资供应进度的定义

工程建设物资供应进度控制是指在一定的资源（人力、物力和财力）条件下，为实现工程项目一次性特定目标，对物资需求进行计划、组织、采购、供应、协调和控制的行为的总称。根据工程项目的特点和建设进度要求，对物资供应进度进行控制时应注意以下三个方面的问题。

第一，由于工程项目具有特殊性、复杂性，因此物资供应也存在一定的风险。这就要求施工方编制物资供应计划，并采用科学管理方法来合理组织物资供应。

第二，在组织物资供应时，除应满足工程建设进度要求外，还要妥善处理好物资质量、供应进度和价格三者之间的关系，以确保工程建设总目标的实现。

第三，工程建设所需的材料和设备品种多样，生产厂家生产能力不同，供应与使用时间不同，使得物资管理工作难度增大。因此，在签订物资供货或采购合同时应当充分考虑工程建设进度和工程对物资的质量要求，并应当加强与

供货各方的联系。

（二）物资供应进度控制的内容

1.编制物资供应计划

物资供应计划是反映物资需要与供应的平衡的计划。它的编制依据是需求计划、储备计划和货源资料等。它的作用是组织指导物资供应工作。物资供应计划的编制，是在确定计划需求量的基础上，经过综合平衡后，提出申请量和采购量。因此，供应计划的编制过程也是一个平衡过程，包括数量、时间的平衡。在实际施工中，首先考虑的是数量的平衡，因为计划期的需求量还不是申请量或采购量，也不是实际需求量，在计算时还必须扣除库存量。因此，供应计划的数量平衡关系是：期内需用量减去期初库存量，再加上期末储备量。经过上述平衡，如果出现正值时，说明物资不足，需要补充；如果出现负值，说明物资多余，可供外调。

建筑工程物资供应计划是对建筑工程施工及安装所需物资的预测和安排，是指导和组织建筑工程物资采购、加工、储备、供货和使用的依据。其根本作用是保障建筑工程的物资需要，保证建筑工程按施工进度计划组织施工。

编制物资供应计划一般分为准备阶段和编制阶段。准备阶段主要是调查研究，收集有关资料，进行需求预测和购买决策。编制阶段主要是核算需要、确定储备、优化平衡、审查评价和交付执行。

在编制物资供应计划的准备阶段，监理工程师必须明确物资的供应方式。按供应单位划分，物资供应可分为：建设单位采购供应、专门物资采购部门供应、施工单位自行采购或共同协作分头采购供应。

通常，监理工程师除编制建设单位负责供应的物资计划外，还需对施工单位和专门物资采购供应部门提交的物资供应计划进行审核。因此，负责物资供应的监理人员应具有编制物资供应计划的能力。

2.编制物资需求计划

物资需求计划是指反映完成建筑工程所需物资情况的计划。它的编制依据主要有：施工图纸、预算文件、工程合同、项目总进度计划和各分包单位提交的材料需求计划等。

物资需求计划的主要作用是确认需求，施工过程中涉及的大量建筑材料、制品、机具和设备，都需要确定其品种、型号、规格、数量和使用时间。它能为组织备料、确定仓库与堆场面积、组织运输等提供依据。

物资需求计划一般包括一次性需求计划和各计划期需求计划。编制需求计划的关键是确定需求量。下面分别介绍建筑工程需求量的确定方法。

（1）建筑工程物资一次性需求量的确定

建筑工程物资一次性需求量是整个工程项目及各分部分项工程材料的需用量。其计算过程可分为三步。

①根据设计文件、施工方案和技术措施计算或直接套用施工预算中建筑工程各分部分项工程物资的需求量。

②根据各分部分项工程的施工方法套取相应的材料消耗定额，求得各分部分项工程各种材料的需求量。

③汇总各分部分项工程的材料需求量，求得整个建筑工程各种材料的总需求量。

（2）建筑工程各计划期需求量的确定

计划期物资需求量一般是指年、季、月度物资需求计划，主要用于组织物资采购、订货和供应。主要依据已分解的各年度施工进度计划，按季、月作业计划确定相应时段的需求量。其编制方式有两种，即计算法和卡段法。计算法是根据计划期施工进度计划中的各分部分项工程量，套取相应的物资消耗定额，求得各分部分项工程的物资需求量，然后再汇总求得计划期各种物资的总需求量；卡段法是根据计划期施工的具体部位，从工程项目一次性计划中摘出与施工计划相应部位的需求量，然后汇总求得计划期各种物资的总需求量。

3.编制物资储备计划

物资储备计划是用来反映建筑工程施工过程中所需各类材料储备时间及储备量的计划。它的编制依据是物资需求计划、储备定额、储备方式、供应方式和场地条件等。它的作用是为保证施工所需材料的连续供应而确定的材料合理储备。

4.编制申请、订货计划

申请、订货计划是指向上级要求分配材料的计划和分配指标下达后组织订货的计划。它的编制依据是有关材料供应的政策法令、预测任务、概算定额、分配指标、材料规格比例和供应计划。它的主要作用是根据需求组织订货。物资供应计划确定后，即可以确定主要物资的申请计划。订货计划通常以卡片的形式呈现，以便清楚地反映不同物资的属性（如规格、质量、主要材料）和交货条件。

5.编制采购、加工计划

采购、加工计划是指向市场采购或专门加工订货的计划。它的编制依据是需求计划、市场供应信息及物资地区分布。它的作用是组织和指导采购与加工工作。加工、订货计划要附上加工详图。

6.编制国外进口物资计划

国外进口物资计划的编制依据是所设计的选用进口材料所依据的产品目录、样本。它的主要作用是组织进口材料和设备的供应工作。首先应编制国外材料、设备、检验仪器、工具等的购置计划，然后再编制国外引进主要设备到货计划。在国际招标采购的机电设备合同中，买方（业主）都要求供方按规定逐月递交一份进度报告，说明所有设计、制造、交付等工作的进度状况。

第七章　建筑工程安全管理

第一节　建筑工程安全管理概述

一、建筑工程安全管理的概念

安全涉及的范围较广，从军事战略到国家安全，到社会公众安全，再到交通安全等，都属于安全的范畴。安全既包括有形实体安全，如国家安全、社会公众安全、人身安全等，也包括虚拟形态安全，如网络安全等。顾名思义，安全就是“无危则安，无缺则全”。安全意味着不危险，这是人们长期以来在生产中总结出来的一种传统认识。安全工程理论的相关观点认为，安全是指在生产过程中免遭不可承受的危险、伤害。这包括两个方面的含义，一是预知危险，二是消除危险，两者缺一不可。安全是与危险相对应的，是人们对生产、生活中免受人身伤害的综合认识。

管理是指在某个组织中的管理者为了实现组织既定目标而进行的计划、组织、指挥、协调和控制等活动。安全管理可以定义为管理者为实现安全生产目标对生产活动进行的计划、组织、指挥、协调和控制等一系列活动，以保证员工在生产过程中的安全。其主要任务是：加强劳动保护工作，改善劳动条件，加强安全作业管理，搞好安全生产，保障职工的生命安全。

安全生产是指在劳动过程中，努力改善劳动条件，克服不安全因素，防止伤亡事故的发生，使劳动生产在保证劳动者安全健康和国家财产以及人民生命财产安全的前提下顺利进行。安全生产一直以来都是我国的重要国策。安全与生产的关系可用“生产必须安全，安全促进生产”这句话来概括。二者是一个有机的整体，不能分割，更不能对立。对国家来说，安全生产关系到国家的稳定、国民经济健康持续发展以及构建和谐社会目标的实现。对社会来说，安全生产是社会进步与文明的标志。一个伤亡事故频发的社会不能称为文明的社会。社会的稳定需要人民安居乐业、身心健康。对企业来说，安全生产是企业获得效益的前提，一旦发生安全生产事故，将会造成企业有形和无形的经济损失，甚至会给企业造成致命的打击。对家庭来说，一次伤亡事故可能导致一个家庭支离破碎。这种打击往往会给家庭成员带来经济、心理、生理等多方面创伤。对个人来说，最宝贵的便是生命和健康，而安全生产事故会使二者受到严重的威胁。由此可见，安全生产的意义重大。“安全第一，预防为主”已成为我国安全生产管理的基本方针。

综上所述，建筑工程安全管理是安全管理原理和方法在建筑领域的具体应用，所谓建筑工程安全管理，是指以国家的法律、法规、技术标准和施工企业的标准及制度为依据，采取各种手段，对建筑工程生产的安全状况实施有效制约的一切活动，是管理者对安全生产进行建章立制，进行计划、组织、指挥、协调和控制的一系列活动，是建筑工程管理的一个重要部分。建筑工程安全管理的目的是保证职工在生产过程中的安全与健康，保障职工的人身、财产安全。它包括宏观安全管理和微观安全管理两个方面。

宏观安全管理主要是指国家安全生产管理机构以及建设行政主管部门从组织、法律法规、执法监察等方面对建筑工程的安全生产进行管理。它是一种间接的管理，同时也是微观管理的行动指南。实施宏观安全管理的主体是各级政府机构。

微观安全管理主要是指直接参与对建设项目的安全管理，包括建筑企业、业主或业主委托的监理机构、中介组织等对建筑项目安全生产的计划、组织、实施、控制、协调、监督和管理。微观管理是直接的、具体的，它是安全管理思想、安全管理法律法规以及标准指南的体现。实施微观安全管理的主体主要是施工企业及其他相关企业。宏观和微观的建筑安全管理对建筑工程安全生产来说都是必不可少的，它们是相辅相成的。想要保护建筑业从业人员的安全，保证生产的正常进行，就必须加强安全管理，消除各种危险因素，确保安全生产，只有抓好安全生产才能提高生产经营单位的经济效益。

建筑工程安全管理对国家发展、社会稳定、企业盈利、人民安居有着重大意义，是工程项目管理的内容之一。质量、成本、工期、安全是建筑工程项目管理的四大控制目标。项目管理总目标包括质量目标、进度目标、成本目标和安全目标，其中安全目标最为重要。原因如下。

①安全是质量的基础。只有良好的安全措施作为保证，作业人员才能较好地发挥技术水平，质量也就有了保障。

②安全是进度的前提。只有在安全工作完全落实的条件下，建筑企业在缩短工期时才不会出现严重的安全事故。

③安全是成本的保证。安全事故的发生必定会给建筑企业和业主带来巨大的经济损失，工程建设也无法顺利进行。

这四个目标互相作用，形成一个有机的整体，共同推动项目的实施。只有四大目标统一，项目管理的总目标才能实现。

二、建筑工程安全管理的特征

（一）流动性

建筑产品依附于土地而存在，在同一个地方只能修建一个建筑物，建筑企业需要不断地从一个地方移动到另一个地方进行建筑产品生产。而建筑安全管理的对象是建筑企业和工程项目，其也必然要不断地随企业的转移而转移。建筑工程安全管理的流动性体现在以下三个方面。

一是施工队伍的流动性。建筑工程项目具有流动性，这决定了建筑工程项目的生产是随项目的不同而流动的，施工队伍需要不断地从一个地方换到另一个地方进行施工，流动性大，生产周期长，作业环境复杂，可变因素多。

二是人员的流动性。由于建筑企业超过80%的工人是农民工，人员流动性也较大。大部分农民工没有与企业形成固定的长期合同关系，往往一个项目完工后即意味着原劳务合同的结束，需要与新的项目签订新的合同，这就造成施工作业培训不足，使得违章操作的现象时有发生，也为建筑工程施工埋下了安全隐患。

三是施工过程的流动性。建筑工程从基础、主体到装修各阶段，因分部分项工程工序的不同，施工方法的不同，现场作业环境、状况和不安全因素都在变化，作业人员经常更换工作环境，特别是需要采取临时性措施的工作环境，规则意识往往较差。

在实践中，安全教育与培训往往跟不上生产的流动和人员的大量流动，这使得安全隐患大量存在，安全形势不容乐观。

（二）动态性

在传统的建筑工程安全管理中，人们希望将计划做得很精细，但是从项目环境和项目资源的限制上看，过于精细的计划，往往会使其失去指导性，与现实产生冲突，造成实施中的管理混乱。

建筑工程的流水作业环境使得安全管理更富于变化。与其他行业不同，建筑业的工作场所和工作内容都是动态的、变化的。建筑工程安全生产的不确定因素较多，为适应施工现场环境变化，安全管理人员必须具有不断学习、开拓创新、系统而持续地整合内外资源以应对环境变化和安全隐患挑战的能力。因此，现代建筑工程安全管理更强调灵活性和有效性。另外，由于建筑市场是在不断发展变化的，政府行政管理部门需要针对出现的新情况、新问题作出反应，包括各种新的政策、法规的出台等。

（三）协作性

1.多个建设主体的协作

建筑工程项目的参与主体涉及业主、勘察、设计、施工以及监理等多个单位，它们之间存在着较为复杂的关系，需要通过法律法规以及合同来进行规范。这使得建筑安全管理的难度增加，管理层次增多，管理关系复杂。如果组织协调不好，极易出现安全问题。

2.多个专业的协作

整个建筑工程项目涉及管理、经济、法律、建筑、结构、电气、给排水、暖通等相关专业。各专业的协调组织也对安全管理提出了更高的要求。

3.各级管理部门的协作

各级建设行政管理部门在对建筑企业的安全管理过程中应合理确定权限，避免多头管理情况的发生。

（四）密集性

一是劳动密集。目前，我国建筑业工业化程度较低，需要大量人力资源的投入，是典型的劳动密集型行业。建筑业集中了大量的农民工，他们中的很多人没有经过专业技能培训，这给安全管理工作提出了挑战。因此，建筑安全生产管理的重点是对人的管理。

二是资金密集。建筑工程的建设需要以大量资金投入为前提，资金投入大决定了项目受制约的因素多，如施工资源的约束、社会经济波动的影响、社会政治的影响等。资金密集性也给安全管理工作带来了较大的不确定性。

（五）稳定性

宏观的安全管理所面对的是整个建筑市场和众多的建筑企业，因此安全管理必须保持一定的稳定性。需要指出的是，作为经营个体的建筑企业可以在有关法律框架内自行管理，根据项目自身的特征灵活采取合适的安全管理方法和手段，但不得违背国家、行业和地方的相关政策和法规，以及行业的技术标准要求。

以上特点决定了建筑工程安全管理的难度较大，表现为安全生产过程的不可控，安全管理需要从系统的角度整合各方面的资源来有效地控制安全生产事故的发生。因此，对施工现场的人和环境系统的可靠性，必须进行经常性的检查、分析、判断、调整，保持安全管理活动的动态性。

三、建筑工程安全管理的原则

根据现阶段建筑业安全生产现状及特点，要达到安全管理的目标，建筑工程安全管理应遵循以下六个原则。

（一）以人为本原则

建筑安全管理的目标是保护劳动者的安全与健康不因工作受到损害，同时减少因建筑安全事故导致的全社会包括个人、家庭、企业、行业的损失。这个目标充分体现了以人为本的原则，坚持以人为本是建筑工程施工现场安全管理的指导思想。

在生产经营活动中，在处理保证安全与实现施工进度、工程成本及其他各项目标的关系上，要始终把从业人员和其他人员的人身安全放到首位，绝不能冒着生命危险抢工期、抢进度，绝不能依靠减少安全投入达到增加效益、降低成本的目的。

（二）安全第一原则

我国建筑工程安全管理的方针是“安全第一，预防为主”。“安全第一”就是强调安全，突出安全，把保证安全放在一切工作的首要位置。当生产和安全发生矛盾时，安全是第一位的，各项工作都要遵循安全第一的原则。安全第一原则是从保护生产的角度和高度，肯定安全在生产活动中的位置和重要性。

（三）预防为主原则

进行安全管理不是处理事故，而是针对施工特点在施工活动中对人、物和环境采取管理措施，有效地控制不安全因素的发展与扩大，把可能发生的事故消灭在萌芽状态，以保证生产活动中人的安全、健康。

贯彻预防为主原则应做到以下几点：一是要加强全员安全教育与培训，让所有员工切实明白“确保他人的安全是我的职责，确保自己的安全是我的义务”，从根本上消除习惯性违章现象，降低发生安全事故的概率；二是要落实安全技术措施，消除现场的危险源，安全技术措施要有针对性、可行性，并要得到切实的落实；三是要加强防护用品的采购质量监督和安全检验，确保防护用品的防护效果；四是要加强现场的日常安全巡查与检查，及时识别现场的危险源，并对危险源进行评价，采取有效措施予以控制。

（四）动态管理原则

安全管理不是少数管理者和安全机构的事，而是一项与建筑生产有关的所有参与人共同参与的工作。安全管理涉及生产活动的方方面面，涉及从开工到竣工交付的全部生产过程，涉及一切变化着的生产因素。当然，这并非否定安全管理第一责任人和安全机构的作用。因此，生产活动中必须坚持“四全”动态管理，即全员、全过程、全方位、全天候的动态安全管理。

（五）发展原则

安全管理是针对变化着的建筑生产活动的动态管理，其管理活动是不断发展变化的，以适应不断变化的生产活动，消除新的危险因素。这就需要管理人员不断地摸索安全管理规律，根据安全管理经验总结新的安全管理办法，以指导建筑工程建设，只有这样才能使安全管理工作不断上升到新的高度，提高安全管理水平，实现文明施工。

（六）强制原则

严格遵守现行法律法规和技术规范是基本要求，同时强制执行和必要的惩罚必不可少。《中华人民共和国建筑法》《中华人民共和国安全生产法》等一系列法律、法规，都在不断强调和规范安全生产，旨在加强政府的监督管理，使生产过程中各种违法行为的强制制裁有法可依。

例如，项目的安全机构设置、人员配备、安全投入、防护设施用品等都必须采取强制性措施予以落实，对于“三违”现象（违章指挥、违章操作、违反劳动纪律）必须采取强制性措施加以杜绝，一旦出现安全事故，首先追究项目经理的责任。

四、建筑工程安全管理的内容

（一）制定安全政策

企业或者机构要有明确的安全政策，才能成功地进行施工安全管理。安全管理是建筑工程施工的关键内容，施工企业在建筑工程实施阶段要及时制定安全管理政策，维持正常的作业秩序来规范安全管理活动。安全管理人员要收集诸多工程资料，在深入分析建筑工程项目潜在风险后提出有针对性的安全管理方案。

（二）建立健全安全组织机构

企业安全生产的首要任务是建立责任机制，把责任落实到人。可设置安全生产领导小组，组长一般由企业的一把手担任，其他分管领导为各自分管业务的副组长，依次划分责任，分别落实。组长需要对安全生产全面负责，要增强建筑工程相关人员的安全生产意识，引导员工牢固树立“以人为本，安全第一”的安全生产理念。从企业管理层到管理人员，再到一线作业人员，要把安全责任落实到位，营造安全生产氛围。

（三）重视安全教育与安全培训

人是安全生产的主体，任何事都是通过人来实现的。无论是施工机具的操作还是施工现场环境的保护，首先要抓住人这一根本因素，通过灌输安全意识和培训教育等手段，规范员工的安全行为，建立有效的安全生产培训考核制度。企业领导要增强责任意识，开展安全生产，主动承担责任，真正落实“安全第一”的原则。在建筑工程施工过程中，相关人员要根据施工特点，开展安全教育，针对不同类型的工作和不同部位报告不同的危险，以消除隐患，控制不安全行为，减少人为失误。

（四）安全生产管理计划和实施

安全生产管理计划是通过以下四点实现的：建立健全安全生产责任制，保证安全生产设施，开展安全教育培训，安全信息的交流和共享。安全生产管理计划的实施是一项系统工作，需要协调与具体安全建设工作的关系。

（五）安全生产管理业绩考核

安全生产还应建立奖惩机制，旨在激励相关人员坚持安全生产。对于那些提出重要建议以消除隐患和避免重大事故的人，应给予奖励。特别是对于那些认真勤奋，并在施工现场严格履行安全生产监督管理职责的全职和兼职安全人员，必须给予他们必要的奖励，使他们更加积极地履行安全责任。

（六）安全管理业绩总结

施工单位在每年年末要梳理、统计本年度施工过程中的安全工作业绩，并通过科学、系统的方式进行分析，总结优势和不足，为今后的安全管理工作提供参考。

五、建筑工程安全管理的意义

建筑行业作为高风险行业，出现伤亡事故的频率高；当前大规模、高数量、高需求的工程越来越多，工程项目内部结构越来越复杂，现代化机械装备的运用、缩短工期、追求美观效果、赶超施工速度进行效率比拼等，使伤亡事故发生的概率大大提高。虽然建筑工程安全事故的发生与行业特性有关，也有建筑市场不规范等各方面的原因，但最主要原因应该是施工企业安全责任落实不到位、安全生产管理体系不完善、安全费用投入不足等。

工程建设涉及很多方面，牵扯到众多的相关产业，其安全风险不仅仅针对施工单位，工程中所涉及的各方都面临着各种各样的安全风险。而在我国，随着建筑工程项目的持续完善、成熟与规模化，安全管理在建筑领域得到广泛关注。安全风险普遍存在于每一个项目中，作为企业，应该学会如何更好地控制在项目进行的过程中有可能出现的安全风险，避免各种安全事故的发生，保证项目顺利进行，从而达到避免损失的目的。所以，企业应该在日常的企业管理过程中，时刻记得对安全风险加以防范和控制，明确安全管理在项目进行过程中的必要性，降低安全事故发生的概率。安全管理对建筑工程施工企业发展的意义主要有以下几方面。

（一）企业竞争力的提升与安全管理密切相关

企业的资质与它的声誉在很大的程度上决定了这个企业的发展远景，以及它在市场上是否具有一定的竞争力。由此可以看出，一个企业的竞争力，不仅仅取决于它的资金力量，良好的管理团队、高素质的团队成员、健全的安全风险监管机制等，都会在很大程度上降低安全事故的发生概率，降低企业在项目实施过程中的安全风险，从而为企业带来良好的声誉，使企业保持持久的竞争力，为企业未来的发展奠定良好的基础。

（二）安全管理与控制安全风险息息相关

通过对近年来建筑行业中出现的安全事故进行详细分析与总结，以及根据国家在安全规范方面的相关要求，建筑企业应该及时在相关项目的实施前对项目进行安全风险评估，积极地预测、分析在项目实施的过程中存在的安全隐患，及早采取预防措施，做好相关预防、预控工作，降低类似事故的发生概率。企业应该正确认识控制安全风险的重要性，正确认识到安全风险是由于自身在整个项目执行的过程中，存在着难以预见的不确定性造成的。

在建筑行业实施建筑项目的过程中，由于建筑行业本身所具有的高危险性，无法在项目执行过程中完全预见可能出现的安全问题，也无法完全预测安全事故发生的原因、规模以及它所造成的影响。所以，相关企业应该积极建立相关机制，做好对安全风险的控制工作，做好安全事故的预防工作。在项目实施的过程中，要时刻强调安全管理的重要性，逐步形成控制和预防安全风险的意识，进而提高企业的安全管理能力。

（三）建筑企业经济效益与安全管理息息相关

安全事故的发生是无法完全预料的，而在事故发生之后造成的影响和损失是无法估量的。企业可能在经济方面有一定的损失，但在声誉上的损失是很难挽回的。对于无法预见的安全事故，企业应该在内部建立相关的控制安全风险的机制，将安全风险控制在一个可控的范围内，降低安全事故的发生概率，提高企业内部的安全管理水平，从而提高建筑企业的经济效益。

第二节　建筑工程安全管理的不安全因素识别

一、我国建筑行业事故成因分析

（一）思想认识不到位

在我国建筑行业中，企业重生产、轻安全的思想仍普遍存在。企业作为安全生产的主体，缺乏完善的自我约束机制，在一切以经济效益为中心的生产经营活动中，或多或少地出现了放松安全管理的行为。企业主要侧重于市场开发和投标方面的经营业务，对安全问题不够重视，在安全方面的资金投入明显不足，没有处理好质量、安全、效益、发展之间的关系，没有把安全工作真正摆到首要位置，只顾眼前利益，而忽视了企业的可持续发展要求。

（二）行业的高风险性

建筑业属于事故多发性行业之一，其露天作业、高空作业较多。据统计，一般工程施工中露天作业占整个工程工作量的70%以上，高处作业占整个工程工作量的90%以上。另外，建筑工程施工环境容易受到地质、气候、卫生及社会环境等因素的影响，具有较强的不确定性。所以，建筑产品的生产和交易方式的特殊性以及政策的敏感性等决定了建筑业是一个高风险行业，面临着经营风险、市场风险、政策风险、环境风险等多种风险因素。以上特点容易转化为建筑生产过程中的不安全状态、不安全行为，也造成发生事故的起因物、致害物较多，伤害方式多种多样。

（三）安全管理水平低下

建筑工程安全管理水平低下主要体现在以下几个方面。

第一，企业安全生产责任制未全面落实。大部分企业都制定了安全生产规章制度和责任制度，但部分企业对机构建设、专业人员配备、安全经费投入、职工培训等方面的责任未能真正落实到实际工作中；机构与专职安全管理人员形同虚设，施工现场违章作业、违章指挥的“二违”现象时有发生；企业安全管理粗放，基础安全工作薄弱，涉及安全生产的规定、技术标准和规范没有得到认真执行，安全检查流于形式，事故隐患得不到及时整改，违规处罚不严。

第二，企业安全生产管理模式落后，治标不治本。部分企业没有从“经验型”和“事后型”的管理方法中摆脱出来，“安全第一，预防为主，综合治理”的安全生产方针未得到真正落实，对从根本上、源头上深入研究事故发生的突发性和规律性重视不够，安全管理工作松松紧紧、抓抓停停，难以有效预防各类事故的发生。

第三，安全投入不足，设备老化情况严重。长期以来，我国建筑企业在安全生产工作中人力、物力、财力的投入严重不足，加之当前建筑市场竞争激烈而又不规范，压价和拖欠工程款的现象屡见不鲜，企业的盈利越来越少，安全生产的投入就更加难以保证。许多使用多年的陈旧设备得不到及时维护、更新、改造，设备带“病”运行的现象频频出现，不能满足安全生产的要求，这就为建筑安全事故的发生埋下了隐患。

第四，企业内部安全教育培训不到位。建筑业一线作业人员以农民工为主，他们大都没有经过系统的教育培训，其安全意识较淡薄、自我保护能力较差、基本操作技能水平较低。目前，事故伤亡情况大多发生在这部分人员当中。

第五，监理单位未能有效履行安全监理职责。监理单位负有安全生产监理职责，但目前监理单位大多对安全监理的责任认识不足，工作被动，并且监理人员普遍缺乏安全生产知识。主要原因在于监理费中没有包含安全监理费或者收费标准较低，只增加了监理单位的工作量，并未增加相应的报酬；安全监理责任的相关规定可操作性较差；对监理单位和监理人员缺乏必要的制约手段。

（四）政府主管部门监管不到位

第一，政府主管部门在机构设置、工作体制机制建设方面还不能适应当前建筑工程质量安全工作的需要。监督人员素质偏低，在很大程度上制约着安全监督工作的开展和工作水平的提高。

第二，安全事故调查不按规定程序执行，违法违纪行为不能得到及时、严厉的惩处，执法不严现象较为普遍。

第三，部分地区建设主管部门和质量安全监督机构对本地区质量安全管理的薄弱环节和存在的主要问题把握不够，一些地方政府主管部门的质量安全监管责任没有落实，监管力度不够。

第四，建筑安全监督机构缺乏有序协调能力。建筑企业同时面临来自住房和城乡建设部、应急管理部、人力资源和社会保障部、卫生健康委员会和消防部门等各个系统的监督管理，但其中一些部门的职权划分尚不清楚，管理范围交叉重复，难免在实际管理中出现多头管理、政出多门、各行其是的现象，使得政府安全管理整体效能相对较弱，企业无所适从，负担加重。

第五，很多地方领导在思想上出于对地方政绩的考虑，在处理安全事故时“大事化小、小事化了”，对安全事故的管理与记录缺乏权威性和真实性，建筑安全事故瞒报、漏报、不报现象时有发生。

第六，安全检查的方式主要以事先告知型的检查为主，而不是随机抽查或巡查。对查出的隐患和发现的问题缺乏认真、细致的研究分析，缺乏有效的、针对性强的措施与对策，导致安全监管工作实效性差，同类型安全问题大量重复出现。

二、安全事故致因理论

想要对建筑工程安全事故采取最有效的措施，就必须深入了解事故发生的主要原因。建筑安全事故的表现形式是多种多样的，如高处坠落、机械伤害、触电、物体打击等。有些人认为安全事故纯粹是由某些偶然的甚至无法解释的原因造成的，这种认识是有问题的。现在人们对事物的认识已经随着科学技术的进步大大提高，可以说每一起事故的发生，尽管或多或少存在偶然性，但却无一例外都有着各种各样的必然原因，事故的发生有其自身的发展规律和特点。

因此，预防和避免事故的关键，就在于找出事故发生的规律，识别、发现并消除导致事故的必然原因，控制和减少偶然原因，使发生事故的可能性降到最低，保证建设工程系统处于安全状态。事故致因理论是掌握事故发生规律的基础，是对形形色色的事故以及人、物和环境等要素之间的变化进行研究，从中找到防止事故发生的方法和对策的理论。

国内外许多学者对事故发生的规律进行了大量的研究，提出了许多理论，其中比较有代表性的有以下两种。

（一）综合因素论

综合因素论认为，在分析事故原因、研究事故发生机理时，必须充分了解构成事故的基本要素。研究的方法要从导致事故的直接原因入手，找出事故发生的间接原因，并分清这些原因的主次地位。

直接原因是最接近事故发生的时刻、直接导致事故发生的原因，包括不安全状态（条件）和不安全行为（动作）。这些物质的、环境的以及人为的原因构成了生产中的危险因素（或称为事故隐患）。所谓间接原因，是指管理缺陷、管理因素和管理责任，它使直接原因得以产生和存在。造成间接原因的因素称为基础原因，包括经济、文化、学校教育、民族习惯、社会历史、法律等因素。

管理缺陷与不安全状态的结合，就构成了事故隐患。当事故隐患形成并偶然被人的不安全行为触发时，就必然会发生事故。通过对大量事故的剖析，可以发现事故发生的一些规律。据此可以得出综合因素论，即在生产作业过程中，由社会因素产生的管理缺陷，会导致物的不安全状态或人的不安全行为，进而造成伤亡和损失。调查、分析事故的过程正好相反，通过事故现象查询事故经过，进而了解物和人等直接造成事故的原因，依此追查管理责任（间接原因）和社会因素（基础原因）。

很显然，这个理论综合地考虑了各种事故现象和因素，因而比较可靠，有利于各种事故的分析、预防和处理，是当今世界上最为流行的理论。美国、日本和中国都主张按这种模式分析建筑安全事故。

（二）事故因果连锁论

美国著名安全工程师海因里希（H. W. Heinrich）首先提出了事故因果连锁论，用以阐明导致伤亡事故的各种因素与结果之间的关系。该理论认为，伤亡事故不是一个孤立的事件，尽管伤害可能在某个瞬间发生，但它是一系列原因事件相继发生的结果。

海因里希最初提出的事故因果连锁过程包括以下几个因素。

第一，人的不安全行为或物的不安全状态。所谓人的不安全行为或物的不安全状态是指那些曾经引起过事故或可能引起事故的行为，或机械、物质的状态，它们是造成事故的直接原因。例如，在起重机的吊物下停留，不发信号就启动机器，工作时间打闹或拆除安全防护装置等，都属于人的不安全行为；没有防护的传动齿轮，裸露的带电体或照明不良等，都属于物的不安全状态。

第二，遗传因素及社会环境。遗传因素及社会环境是造成人的性格缺陷的主要原因。遗传因素可能造成鲁莽、固执等不良性格；社会环境可能助长性格上的缺陷。

第三，事故是由于物体、物质、人或放射线的作用或反作用，使人员受到伤害或可能受到伤害的、出乎意外的、失去控制的事件。

第四，人的缺点。人的缺点是使人产生不安全行为的或造成机械、物质不安全状态的原因，包括鲁莽、固执、过激、神经质、轻率等先天的性格缺点以及缺乏安全生产知识和技能等后天的缺点。

第五，由于事故而造成的人身伤害。人们用多米诺骨牌效应来形象地描述这种事故因果连锁关系。在多米诺骨牌效应中，一张骨牌被碰倒了，将发生连锁反应，其余的几张骨牌会相继被碰倒。如果移去其中的一张骨牌，则连锁被破坏，事故过程终止。海因里希认为，企业事故预防工作的中心就是防止人的不安全行为，消除机械或物质的不安全状态，即抽取第三张骨牌就有可能避免第四、第五张骨牌的倒下，中断事故连锁的进程，从而避免事故的发生。

这一理论从产生伊始就被广泛地应用于安全生产工作中，被奉为安全生产的经典理论，对后来的安全生产产生了深远的影响。例如，施工管理人员要求施工人员在每天开始工作前必须认真检查施工机具和施工材料，并且保证施工人员处于稳定的工作状态。

三、不安全因素

由于具体的不安全对象不同或受安全管理活动限制等原因，不安全因素在作业过程中处于变化的状态。由于事故与原因之间的关系是复杂的，不安全因素的表现形式也是多种多样的，因此根据前述安全事故致因理论以及对我国安全事故发生的主要原因进行分析，可以归纳出不安全因素主要包括人、物、环境和管理四个方面。

（一）人的因素

这里所说的人，包括操作人员、管理人员、事故现场的在场人员和其他人员等。人的因素是指由人的不安全行为或失误导致生产过程中发生的各类安全事故，是事故产生的直接因素。各种安全生产事故，其原因不管是直接的还是间接的，都可以说是由人的不安全行为或失误引起的，这可能导致物的不安全状态，导致不安全的环境因素被忽略，也可能导致管理上出现漏洞，还可能造成事故隐患并引发事故。

人的因素主要体现在人的不安全行为和人的失误两个方面。

人的不安全行为是由人的违章指挥、违规操作等引起的不安全因素，如进入施工现场没有佩戴安全帽，必须使用防护用品时未使用，需要持证上岗的岗位由无证人员替代，未按技术标准操作机械，物体的摆放不安全，冒险进入危险场所，在起吊物下停留作业，机器运转时加油或进行修理作业，工作时说笑打闹，带电作业等。

人的失误是人的行为结果偏离了预期的标准。人的失误有两种类型，即随机失误和系统失误。随机失误是由人的行为、动作的随机性引起的，与人的心理、生理原因有关，它往往不可预测也不会重复出现。系统失误是由系统设计不足或人的不正常状态引发的，与工作条件有关，类似的条件可能导致失误重复发生。造成人失误的原因是多方面的，施工过程中常见的失误原因包括以下几个方面。

第一，感知过程与人为失误。施工人员的失误涉及感知错误、判断错误、动作错误等，这是造成建筑安全事故的直接原因。感知错误的原因主要是心理准备不足、情绪过度紧张或麻痹、知觉水平低、反应迟钝、注意力分散和记忆力差等。感知错误、经验缺乏和应变能力差，往往会导致判断错误，从而导致操作失误。错综复杂的施工环境会使施工人员产生紧张和焦虑情绪，当应急情况出现时，施工人员的精神进入应急状态，容易出现不应有的失误，甚至出现冲动性动作等，这给建筑工程安全管理埋下了隐患。

第二，动机与人为失误。动机是决定施工人员是否追求安全目标的动力源泉。有时，安全动机会与其他动机产生冲突，而动机的冲突是造成人际失调和配合不当的内在动因。出于某种动机，施工班组成员可能会产生畏惧心理、逆反心理或依赖心理。畏惧心理表现在施工班组成员缺乏自信、胆怯怕事、遇到紧急情况手足无措。逆反心理是由于自我表现动机、嫉妒心而导致的抵触心态或行为对立。依赖心理则是由于对施工班组其他成员的期望值过高而产生的。这些心理障碍影响了施工班组成员之间的相互配合，极易造成人为失误。

第三，社会心理品质与人为失误。社会心理品质涉及价值观、社会态度、道德感、责任感等，直接影响施工人员的行为表现，与建筑施工安全密切相关。在建筑项目施工过程中，个别班组成员的社会心理品质不良，缺乏社会责任感，漠视施工安全操作规程，以自我为中心处理与班组其他成员的关系，行为轻率，因此容易出现人为失误。

第四，个性心理特征与人为失误。施工人员的个性心理特征主要包括气质、性格和能力。个性心理特征对人为失误有明显的影响。例如，多血质型的施工人员从事单调乏味的工作时情绪容易不稳定；胆汁质型的施工人员固执己见、脾气暴躁，情绪冲动时难以克制；黏液质型的施工人员遇到特殊情况时反应慢、反应能力差。现在的施工单位在招聘劳务人员时，很少对其进行考核，更不用说进行心理方面的测试了，所以对施工人员的个性心理特征无从了解，分配施工任务时也是随意安排。

第五，情绪与人为失误。在不良的心境下，施工人员可能情绪低落，容易发生操作行为失误等情况，最终导致建筑安全事故。过分自信、骄傲自大是安全事故的陷阱。施工人员的情绪麻痹、情绪上的长期压迫和适应障碍，会使心理疲劳频繁出现而诱发失误。

第六，生理状况与人为失误。疲劳是导致建筑安全事故的重要因素。疲劳的主要原因是缺乏睡眠和昼夜节奏紊乱。如果施工人员服用一些治疗失眠的药物，也可能为建筑安全事故的发生埋下隐患。因此，经常进行教育、训练，合理安排工作，消除心理紧张因素，有效控制紧张心理，使人保持最优的心理状态，对消除人为失误现象是很重要的。

在人的因素中，人的不安全行为可控，并可以完全消除。而人的失误可控性较小，不能完全消除，只能通过各种措施降低失误的概率。

（二）物的因素

对建筑行业来说，物是指生产过程中能够发挥一定作用的设备、材料、半成品、燃料、施工机械、生产对象以及其他生产要素。物的因素主要指物的故障导致物处于一种不安全状态。故障是指物不能执行所要求功能的一种状态，物的不安全状态可以看作一种故障状态。

物的故障状态主要有以下几种情况：机械设备、工器具存在缺陷或缺乏保养；存在危险物和有害物；安全防护装置失灵；缺乏防护用品或防护用品有缺陷；钢材、脚手架及其构件等原材料的堆放和储存不当；高空作业缺乏必要的保护措施等。

物的不安全状态是生产中的隐患和危险源，在一定条件下，会转化为事故。物的不安全状态往往又是由人的不安全行为导致的。

（三）环境因素

事故的发生都是由人的不安全行为和物的不安全状态直接引起的。但不考虑客观情况而一味指责施工人员的“粗心大意”或“疏忽”是片面的，有时甚至是错误的。另外，还应当进一步研究造成人的过失的背景条件，即环境因素。环境因素主要指施工作业时的环境，包括温度、湿度、照明、噪声和振动等物理环境，以及企业和社会的人文环境。不良的生产环境会影响人的行为，同时对机械设备也会产生不良影响。

不良的物理环境会引起物的故障和人的失误，物理环境又可以分为自然环境和生产环境。例如，施工现场到处是施工材料、机具乱摆放、生产及生活用电私拉乱扯，不但会给正常生产生活带来不便，还会引发人的烦躁情绪，从而增加事故发生的概率；温度和湿度会影响设备的正常运转，并且会引起故障，噪声、照明等会影响人动作的准确性，从而造成失误；冬天的寒冷通常造成施工人员动作迟缓或僵硬；夏天的炎热往往造成施工人员体力透支、注意力不集中；还有下雨、刮风、扬沙等天气，都会影响人的行为和机械设备的正常使用。

人文环境会影响人的心理、情绪等，进而引起人的失误。如果一个企业从领导到职工，人人讲安全、重视安全，形成安全氛围，更深层次地讲，就是形成了企业安全文化，那么在这样的环境中，安全生产是有保障的。

（四）管理因素

大量的安全事故表明，人的不安全行为、物的不安全状态以及恶劣的环境状态，往往只是事故直接和表面的原因，深入分析可以发现，发生事故的根源在于管理方面存在的缺陷。国际上很多知名学者都支持这一说法，其中最具有代表性的观点是：造成安全事故的原因是多方面的，根本原因在于管理系统，包括管理的规章制度、管理的程序、监督的有效性，以及员工训练等方面的缺陷，即管理失效造成了安全事故。

常见的管理缺陷有制度不健全、责任不分明、有法不依、违章指挥、安全教育不够、处罚不严、安全技术措施不全面、安全检查不够等。

人的不安全行为和物的不安全状态是可以通过适当的管理控制予以消除或把影响程度降到最低的，而环境因素的影响是不可避免的。但是，通过适当的管理行为，选择适当的措施，也可以把其影响程度降到最低。人的不安全行为可以通过安全教育、安全生产责任制以及安全奖罚机制等管理措施减少甚至杜绝。物的不安全状态可以通过提高安全生产的科技含量，建立完善的设备保养制度，推行文明施工和安全达标等管理活动予以控制。对作业现场加强安全检查，就可以发现并制止人的不安全行为和物的不安全状态，从而避免事故的发生。

由于管理的缺失，造成了人的不安全行为的出现，进而导致物的不安全状态或环境的不安全状态的出现，最终导致安全生产事故的发生。因此，要想做好建筑安全生产管理工作，重在改善和加强建筑安全管理，如生产组织、生产设计、劳动计划、安全规章制度、安全教育培训、劳动技能培训、职工伤害事故保险等。

第三节　建筑工程施工安全事故应急预案

一、建筑工程施工安全事故应急预案的类型

应急预案是对特定的潜在事件和紧急情况发生时所采取措施的计划安排，是应急响应的行动指南。编制应急预案的目的是一旦发生紧急情况，能够按照合理的响应流程采取适当的救援措施，预防和减少可能随之引发的职业健康安全和环境问题。

应急预案的制定，必须与重大环境因素和重大危险源相结合，特别是要与这些环境因素和危险源一旦控制失效可能导致的后果相适应，还要考虑在实施应急救援过程中可能产生的新的伤害和损失。

应急预案应形成体系，针对各级各类可能发生的事故和所有危险源制定专项应急预案和现场应急处置方案，并明确事前、事中、事后的各个过程中相关部门和有关人员的职责。生产规模小、危险因素少的生产经营单位，其综合应急预案和专项应急预案可以合并编写。

（一）综合应急预案

综合应急预案是从总体上阐述事故的应急方针、政策，应急组织结构及相关应急职责，应急行动、措施和保障等基本要求和程序，是应对各类事故的综

合性文件。

（二）专项应急预案

专项应急预案是针对具体的事故类别（如基坑开挖、脚手架拆除等事故）、危险源和应急保障而制定的计划或方案，是综合应急预案的组成部分，应按照综合应急预案的程序和要求组织制定。专项应急预案应制定明确的急救程序和具体的应急救援措施。

（三）现场处置方案

现场处置方案是针对具体的装置、场所或设施、岗位所制定的应急处置措施，应具有具体、简单、针对性强的特点。现场处置方案应根据风险评估及危险性控制措施逐一编制，做到事故相关人员应知应会、熟练掌握，并通过应急演练，做到迅速反应、正确处置。

二、建筑工程施工安全事故应急预案编制的要求和内容

（一）建筑工程施工安全事故应急预案编制的要求

第一，符合有关法律、法规、规章和标准的规定。

第二，结合本地区、本部门、本单位的安全生产实际情况进行编制。

第三，结合本地区、本部门、本单位的危险性分析情况进行编制。

第四，应急组织和人员的职责分工应明确，并有具体的落实措施。

第五，有明确、具体的事故预防措施和应急程序，并与其应急能力相适应。

第六，有明确的应急保障措施，并能满足本地区、本部门、本单位的应急工作要求。

第七，预案基本要素齐全、完整，预案附件提供的信息准确。

第八，预案内容与相关应急预案相互衔接。

（二）建筑工程施工安全事故应急预案的内容

1.综合应急预案的主要内容

第一，总则。①编制目的：简述应急预案编制的目的、作用等。②编制依据：简述应急预案编制所依据的法律、法规、规章，以及有关行业管理规定、技术规范和标准等。③适用范围：说明应急预案适用的区域范围以及事故的类型、级别。④应急预案体系：说明本单位应急预案体系的构成情况。⑤应急工作原则：说明本单位应急工作的原则，内容应简明扼要、明确具体。

第二，施工单位的危险性分析。①施工单位概况：主要包括施工单位总体情况及生产活动的特点等内容。②危险源与风险分析：主要阐述本单位存在的危险源及风险分析结果。

第三，组织机构及职责。①应急组织体系：明确应急组织形式、构成单位或人员，并尽可能以结构图的形式表示出来。②指挥机构及职责：明确应急救援指挥机构总指挥、副总指挥、各成员单位及其相应职责。应急救援指挥机构根据事故类型和应急工作需要，可以设置相应的应急救援工作小组，并明确各小组的工作任务及职责。

第四，预防与预警。①危险源监控：明确本单位对危险源监测监控的方式、方法，以及采取的预防措施。②预警行动：明确事故预警的条件、方式、方法和信息的发布程序。③信息报告与处置：按照有关规定，明确事故及未遂伤亡事故信息报告与处置办法。

第五，应急响应。①响应分级：针对事故危害程度、影响范围和单位控制事态的能力，将事故分为不同的等级。按照分级负责的原则，明确应急响应级别。②响应程序：根据事故的大小和发展态势，明确应急指挥、应急行动、资源调配、应急避险等响应程序。③应急结束：明确事故情况上报事项；向事故调查处理小组移交相关事项；事故应急救援工作总结报告。

第六，信息发布。明确事故信息发布的部门及发布原则。事故信息应由事故现场指挥部及时、准确地向新闻媒体通报。

第七，后期处置。主要包括污染物处理、事故后果影响消除、生产秩序恢复、善后赔偿、抢险过程、应急救援能力评估及应急预案的修订等内容。

第八，保障措施。通信与信息保障；应急队伍保障；应急物资装备保障；经费保障；其他保障（如交通运输保障、治安保障、技术保障、医疗保障、后勤保障等）。

第九，培训与演练。①培训：明确对本单位人员开展应急培训的计划、方式和要求。②演练：明确应急演练的规模、方式、频次、范围、内容、组织、评估、总结等。

第十，奖惩。明确事故应急救援工作中奖励和处罚的条件和内容。

第十一，附则。术语和定义：对应急预案涉及的一些术语进行定义。应急预案备案：明确本应急预案的报备部门。维护和更新：明确应急预案维护和更新的基本要求，定期进行评审，实现可持续改进。制定与解释：明确应急预案负责制定与解释的部门。应急预案实施：明确应急预案实施的具体时间。

2.专项应急预案的主要内容

第一，事故类型和危害程度分析。在危险源评估的基础上，对其可能发生的事故类型及事故严重程度进行确定。

第二，应急处理基本原则。明确处置安全生产事故应当遵循的基本原则。

第三，组织机构及职责。应急组织体系：明确应急组织形式、构成单位或人员，并尽可能以结构图的形式表现出来。指挥机构及职责：根据事故类型，明确应急救援指挥机构总指挥、副总指挥以及各成员单位或人员的具体职责。

第四，预防与预警。危险源监控：明确本单位对危险源监测监控的方式、方法，以及采取的预防措施。预警行动：明确具体事故预警的条件、方式、方法和信息的发布程序。

第五，信息报告程序。确定报警系统及程序；确定现场报警方式；确定 24 小时与相关部门的通信、联络方式。

第六，应急处置。响应分级：针对事故危害程度、影响范围和单位控制事态的能力，将事故分为不同的等级。按照分级负责的原则，明确应急响应级别。响应程序：根据事故的大小和发展态势，明确应急指挥、应急行动、资源调配、应急避险等响应程序。

第七，应急物资与装备保障。明确应急处置所需的物资与装备数量，以及相关管理维护和使用方法等。

3.现场处置方案的主要内容

第一，事故特征。主要包括：危险性分析，可能发生的事故类型；事故发生的区域、地点或装置的名称；事故可能发生的季节和造成的危害程度；事故发生前可能出现的征兆。

第二，应急组织与职责。主要包括：基层单位应急自救组织形式及人员构成情况；应急自救组织机构、人员的具体职责应同单位或车间、班组人员的工作职责紧密结合，明确相关岗位和人员的应急工作职责。

第三，应急处置。主要包括：事故应急处置程序；现场应急处置措施；报警电话及上级管理部门、相关应急救援单位的联系方式，事故报告的基本要求和内容。

第四，注意事项。主要包括：佩戴个人防护器具方面的注意事项；使用抢险救援器材方面的注意事项；采取救援对策或措施方面的注意事项；现场自救和互救方面的注意事项；现场应急处置能力确认和人员安全防护方面的事项；应急救援结束后的注意事项；其他需要特别警示的事项。

三、建筑工程施工安全事故应急预案的管理

建筑工程施工安全事故应急预案的管理包括应急预案的评审、备案、实施和奖惩。应急管理部负责应急预案的综合协调和管理工作。国务院其他负有安全生产监督管理职责的部门按照各自的职责负责本行业、本领域内应急预案的

管理工作。县级以上地方各级人民政府安全生产监督管理部门负责本行政区域内应急预案的综合协调管理工作。县级以上地方各级人民政府其他负有安全生产监督管理职责的部门按照各自的职责负责辖区内本行业、本领域应急预案的管理工作。

（一）应急预案的评审

地方各级安全生产监督管理部门应当组织有关专家对本部门编制的应急预案进行审定，必要时可以召开听证会，听取社会有关方面的意见。涉及相关部门职能或者需要有关部门配合的，应当征得有关部门同意。

参加应急预案评审的人员应当包括应急预案涉及的政府部门工作人员和有关安全生产及应急管理方面的专家。评审人员与所评审预案的生产经营单位有利害关系的，应当回避。

应急预案的评审或者论证应当注重应急预案的实用性、基本要素的完整性、预防措施的针对性、组织体系的科学性、响应程序的操作性、应急保障措施的可行性、应急预案的衔接性等内容。

（二）应急预案的备案

地方各级安全生产监督管理部门的应急预案，应当报同级人民政府和上一级安全生产监督管理部门备案。

其他负有安全生产监督管理职责的部门的应急预案，应当抄送同级安全生产监督管理部门。

由中央人民政府管理的总公司（总厂、集团公司、上市公司）的综合应急预案和专项应急预案，报国务院国有资产监督管理部门、国务院安全生产监督管理部门和国务院有关主管部门备案；其所属单位的应急预案分别抄送所在地的省、自治区、直辖市或者设区的市级人民政府安全生产监督管理部门和有关主管部门备案。

上述规定以外的其他生产经营单位中涉及实行安全生产许可的，其综合应急预案和专项应急预案，按照隶属关系报所在地县级以上地方人民政府安全生产监督管理部门和有关主管部门备案；未实行安全生产许可的，其综合应急预案和专项应急预案的备案，由省、自治区、直辖市人民政府安全生产监督管理部门确定。

（三）应急预案的实施

各级安全生产监督管理部门、生产经营单位应当采取多种形式开展应急预案的宣传教育，普及生产安全事故预防、避险、自救和互救知识，提高从业人员的安全意识和应急处置技能。

生产经营单位应当制定本单位的应急预案演练计划，根据本单位的事故预防重点，每年至少组织一次综合应急预案演练或者专项应急预案演练，每半年至少组织一次现场处置方案演练。生产经营单位应当及时向有关部门或者单位报告应急预案的修订情况，并按照有关应急预案报备程序重新备案。

（四）应急预案的奖惩

《应急管理部关于修改＜生产安全事故应急预案管理办法＞的决定》规定："生产经营单位未按照规定进行应急预案备案的，由县级以上人民政府应急管理等部门依照职责责令限期改正；逾期未改正的，处3万元以上5万元以下的罚款，对直接负责的主管人员和其他直接责任人员处1万元以上2万元以下的罚款。"

生产经营单位未制定应急预案或者未按照应急预案采取预防措施，导致事故救援不力或者造成严重后果的，由县级以上安全生产监督管理部门依照有关法律、法规和规章的规定，责令停产、停业整顿，并依法给予行政处罚。

参考文献

[1] 曾海雄. 浅谈建筑工程施工技术质量管理控制[J]. 建材与装饰，2016（45）：133-134.

[2] 曾志贤. 加强建筑装饰工程施工技术管理的策略探讨[J]. 居舍，2022（17）：22-25.

[3] 车崇辛. 建筑工程施工技术及其现场管理[J]. 居舍，2021（14）：113-114.

[4] 陈洪略. 建筑工程施工技术与管理创新研究[J]. 中国高新技术企业，2013（14）：76，77.

[5] 党瑞贯. 房屋建筑工程施工技术与现场管理[J]. 大众标准化，2022（10）：154-156.

[6] 杜凯强，王亚东，党晓琪，等. 房屋建筑工程施工现场技术与管理措施[J]. 城市建筑空间，2022，29（增刊 1）：400-401.

[7] 冯汝静. 关于建筑工程施工技术资料整理与管理方法[J]. 居舍，2021（25）：131-132.

[8] 顾涵. 基于绿色施工技术的建筑工程施工与管理探寻[J]. 绿色环保建材，2019（10）：45.

[9] 郭志坚. 提升建筑工程施工技术管理水平的策略浅述[J]. 河南建材，2019（6）：155-156.

[10] 高鑫. 浅谈新时期建筑工程施工技术管理与创新[J]. 中小企业管理与科技（下旬刊），2015（4）：30.

[11] 胡湘菠. 建筑工程施工技术优化管理探讨[J]. 建材与装饰，2017（11）：168-169.

[12] 黄丹青. 建筑工程施工技术及其现场施工管理探析[J]. 居业，2022（12）：

136-138.

[13] 江浩杰. 建筑工程施工技术管理研究[J]. 房地产世界，2022（17）：110-112.

[14] 蓝波. 浅谈房屋建筑工程施工技术管理[J]. 中国新技术新产品，2019（2）：119-120.

[15] 蓝永静. 建筑工程施工技术及其现场施工管理微探[J]. 居舍，2020（17）：139-140.

[16] 李金柳. 建筑工程施工技术资料整理与管理方法分析[J]. 建材与装饰，2019（16）：188-189.

[17] 李丽. 建筑工程施工技术资料整理与管理[J]. 江西建材，2017（11）：295，300.

[18] 李明. 建筑工程施工技术管理的对策[J]. 中国新技术新产品，2015（3）：123-124.

[19] 李沐鸿. 浅析装配式建筑施工技术在建筑工程施工管理中的应用[J]. 居舍，2021（4）：33-34，36.

[20] 梁宁辉. 建筑工程施工技术及其现场施工管理研究[J]. 中国住宅设施，2023（2）：142-144.

[21] 令狐莹莹. 建筑工程施工技术资料整理与管理方法[J]. 建材与装饰，2020（13）：134，138.

[22] 刘桂玲. 建筑工程施工技术管理水平有效提升策略研究[J]. 四川水泥，2018（4）：232.

[23] 刘立波. 建筑工程施工技术管理水平有效提升策略研究[J]. 建材与装饰，2019（16）：207-208.

[24] 刘岩，姚翠. 建筑工程施工技术管理及质量控制探讨[J]. 中国建筑装饰装修，2022（10）：150-152.

[25] 蒙萌光子. 土木建筑工程施工技术及其现场施工管理措施浅探[J]. 冶金管理，2021（21）：114-115.

[26] 孟庆忠. 探究建筑工程施工技术管理水平有效提升策略[J]. 江西建材，2017（17）：264.
[27] 孟宪洲，张国胜. 建筑工程施工技术及其现场施工管理存在的问题及策略[J]. 住宅与房地产，2021（4）：169-170.
[28] 孟新祺. 基于文明施工理念的建筑工程施工技术与管理[J]. 城市建筑，2013（8）：46-47.
[29] 齐文文. 新时期建筑工程施工造价的控制对策及管理技术探究[J]. 绿色环保建材，2019（11）：229，231.
[30] 史蓉. 建筑工程施工技术资料的整理和管理方案研究[J]. 房地产世界，2022（13）：149-151.
[31] 宋建军. 建筑工程施工技术及其现场施工管理措施研究[J]. 房地产世界，2020（22）：67-69.
[32] 宋金海. 建筑工程施工技术及其现场施工管理解析[J]. 现代物业（中旬刊），2020（3）：168-169.
[33] 宋亚辉. 建筑工程施工技术及现场施工管理[J]. 中国建筑装饰装修，2020（2）：77.
[34] 苏翃. 建筑工程施工技术及其现场施工管理研究[J]. 中国战略新兴产业，2018（16）：213.
[35] 孙炎云. 建筑工程施工技术及其现场施工管理研究[J]. 建筑知识，2017，（11）：102.
[36] 孙志刚. 建筑工程施工技术及其现场施工管理措施研究[J]. 城市建筑，2020，17（29）：173-174.
[37] 田宝玉. 建筑工程施工技术及其现场施工管理策略探讨[J]. 住宅与房地产，2021（9）：147-148.
[38] 涂晓玲. 建筑工程施工技术及其现场施工管理[J]. 四川水泥，2021（12）：171-172.
[39] 汪欣. 建筑工程施工技术及其现场施工管理探讨[J]. 建材与装饰，2017

（47）：139-140.

[40] 王良琅. 浅析建筑工程施工技术及其现场施工管理[J]. 散装水泥，2022（4）：71-73.

[41] 王鹭. 建筑工程施工技术资料整理与管理方法分析[J]. 四川水泥，2020（3）：171.

[42] 王锡芳. 建筑工程施工技术管理中应注意问题分析[J]. 居舍，2021（13）：143-144.

[43] 王宪军. 土木工程施工安全管理模式创新与发展：评《建筑施工安全技术与管理研究》[J]. 中国安全科学学报，2021，31（5）：193-194.

[44] 王鑫. 建筑工程施工技术及其现场施工管理措施研究[J]. 建材与装饰，2020（19）：188，190.

[45] 王修波. 建筑工程施工技术管理中几个关键问题分析[J]. 建材与装饰，2017（29）：182-183.

[46] 王永建. 建筑工程施工技术及其现场施工管理措施研究[J]. 工程建设与设计，2022（10）：210-212.

[47] 温新将. 建筑工程施工中深基坑支护的施工技术管理[J]. 居业，2020（8）：144，146.

[48] 吴阿莉，李静娇. 超高层建筑机电工程施工技术与管理[J]. 建筑结构，2022，52（21）：169.

[49] 吴婷. 新时期建筑工程施工技术管理与创新研究[J]. 山东农业工程学院学报，2019，36（12）：23-24，49.

[50] 武久玉. 浅谈建筑工程施工技术与管理控制[J]. 科技与企业，2013（5）：168.

[51] 肖文光. 建筑工程施工技术及其现场施工管理措施应用研究[J]. 砖瓦，2022（07）：121-123，126.

[52] 辛本涛. 建筑工程施工技术及其现场施工管理探讨[J]. 门窗，2019（17）：115.

［53］ 颜怀志，赵霞. 论建筑工程施工技术管理[J]. 经济研究导刊，2012（07）：205-206.

［54］ 杨帆. 如何有效提升建筑工程施工技术管理水平[J]. 城市建设理论研究（电子版），2019（17）：31.

［55］ 杨静云. 建筑工程施工技术及其现场施工管理探讨[J]. 城市建设理论研究（电子版），2020（6）：41.

［56］ 杨明. 分析建筑工程施工技术与现场施工的管理措施[J]. 建筑技术开发，2021，48（4）：55-56.

［57］ 杨瑞英. 建筑工程施工技术全过程控制与管理[J]. 四川建材，2021，47（5）：195-196.

［58］ 杨修飞，蔡良君. 应用型本科院校打造应用型“金课”的课程改革：以《建筑设备工程施工技术与管理》为例[J]. 建材与装饰，2019（27）：126-127.

［59］ 杨志杰. 建筑工程施工技术及其现场施工管理措施研究[J]. 四川水泥，2020（7）：134-135.

［60］ 杨志兴. 建筑工程施工技术及现场施工管理探究[J]. 科技资讯，2020，18（7）：59-60.

［61］ 姚洪峰. 建筑工程施工技术及其现场施工管理探讨[J]. 科技资讯，2015（11）：74.

［62］ 于延峰，张腾飞，侯科，等. 建筑工程施工技术及其现场施工管理探讨[J]. 居业，2021（1）：175-176.

［63］ 张红兵. 建筑工程施工技术及其现场施工管理探析[J]. 农村经济与科技，2020，31（24）：34-35.

［64］ 张建华. 建筑工程施工技术与管理创新研究[J]. 门窗，2014（05）：106.

［65］ 张克楠，李翠莲. 如何有效提升建筑工程施工技术管理水平[J]. 建材与装饰，2018（27）：158-159.

［66］ 张荣杰. 浅谈建筑工程施工技术与管理[J]. 建材与装饰，2016（10）：56-57.

[67] 张益晋. 房屋建筑工程施工技术及现场施工管理探讨[J]. 建材与装饰，2020（18）：165，168.
[68] 张志顺. 浅谈建筑工程施工技术管理中应注意的问题[J]. 建材与装饰，2017（20）：112-113.